監修・三宅陽一郎
漫畫・備前やすのり　翻譯・張嘉芬

前言

寫給即將一同迎接人工智慧社會到來的每個人

您是否對人工智慧心懷恐懼？其實人工智慧並不可怕，今後，它會與我們人類共存。未來，社會上將會更積極地運用人工智慧，讓它為人類代勞，從事各項知性活動。而這樣的社會趨勢，過去在人類的歷史當中也曾出現，例如機器替人類從事粗重的勞力工作，以及電腦為人類分擔資訊的處理業務等。換句話說，人工智慧的導入，堪稱是「自動化技術」（automation）的最後一個階段。

過去長期以來，知性活動向來是人類的獨門絕活。因此，人類也把對自己的自我認同，建立在「能從事知性活動」這件事情上。所以一旦人工智慧做起了知性活動，人類的自我認同就會被摧毀，人類便會非常徬徨不安。的確，人工智慧擁有強大的威力，足以撼動人類的這種自我認同。然而，問題在於撼動程度的強弱。多數的人工智慧，都還不具備足以強烈撼動人類自我認同的能力。

當我們探討人工智慧時，有兩個重點想請各位務必牢記：

「人工智慧只能在人類所提供的、有限的問題中進行知性活動。」

「人工智慧無法自行出題。」

換言之，未來人類所從事的知性活動，重點將會轉往：「明確訂出哪些範圍的問題要讓人工智慧負責，並將解決問題的工作交由人工智慧處理。」而人類自我認同的主軸，也會開始往這個方向轉移。如此一來，人類就會開始將人工智慧運用得淋漓盡致，就像過去我們把電腦運用得淋漓盡致一樣，也就是說「人工智慧將成為人類的能力之一」。

因此，我們必須先了解「人工智慧究竟能做什麼」，接著再界定「要讓人工智慧解決哪些問題」。請各位不妨先抱持著「該讓人工智慧做什麼事？」的輕鬆心情來閱讀本書。在漫畫中出現的角色——裕太和誠司，也都很坦率地面對人工智慧，不帶任何先入為主的成見，並在探索人工智慧的過程中詫異、受挫，慢慢地學習如何拿捏「人工智慧與人類之間的距離」。而這種距離的拿捏，正是人類與人工智慧共存所必需的感性。閱讀本書，能讓您搶先體驗有人工智慧存在的未來，並學會生活在未來世界裡所不可或缺的感性。

本書在各段漫畫之間，備有詳盡的科技知識解說。能將人工智慧這門專業的知識，解說得如此淺顯易懂的書籍，在市面上極為罕見，想必這是因為本書精準地洞悉了人工智慧本質的緣故。能將這樣的好書呈現給各位讀者，我個人感到萬分榮幸。衷心期盼各位翻閱本書，體驗即將到來的人工智慧時代。

三宅　陽一郎

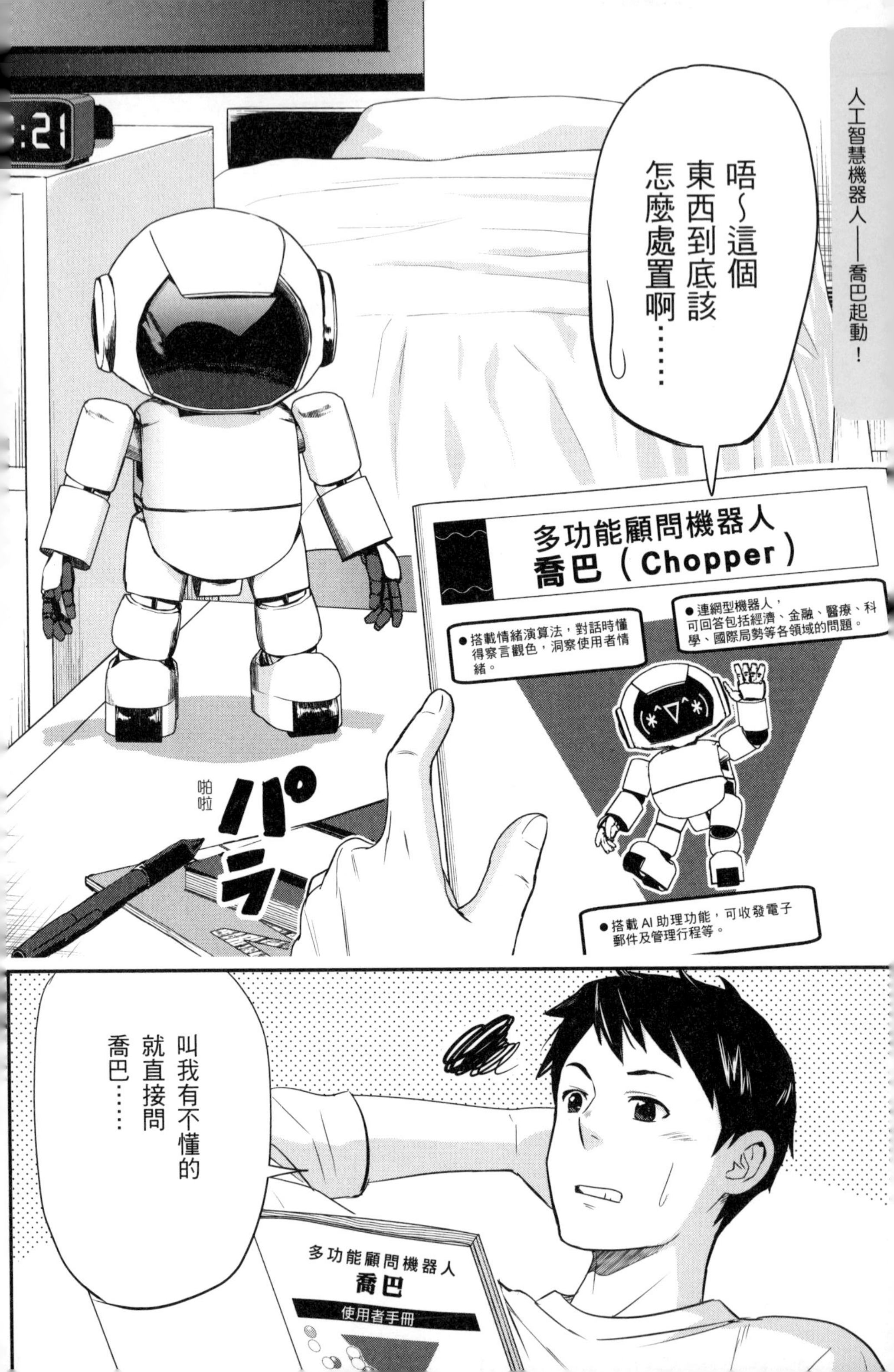
人工智慧機器人——喬巴起動！
唔~這個東西到底該怎麼處置啊……
多功能顧問機器人
喬巴（Chopper）
●連網型機器人，可回答包括經濟、金融、醫療、科學、國際局勢等各領域的問題。
●搭載情緒演算法，對話時懂得察言觀色，洞察使用者情緒。
●搭載AI助理功能，可收發電子郵件及管理行程等。
啪啦
パラ
叫我有不懂的就直接問喬巴……
多功能顧問機器人
喬巴
使用者手冊

ハア…!!（啊？）

我……很不擅長操作這種機器類的東西啦！
況且我就是個不折不扣的文組人呀……

我想成立一個專案小組，要運用最近大家都在討論的那台喬巴。

你研究一下該怎麼用吧！

部長

多功能顧問機
喬巴
使用者手冊

喬巴，你的強項是什麼？

你好，我叫喬巴。

你叫什麼名字？

哇，這不是喬巴嗎？

竟然裝作沒聽到我的問題……

不好意思，我沒聽清楚你的名字。

ガチャ（嘎恰）

叔叔在嗎？

嗯……
裕太，你來啦……

它能回答很多問題，對吧？
聽說是……
這是昨天剛上市的奇幻探險，
不知道是不是已經出現最快破關紀錄了？
ピッ
目前最快的破關紀錄，是一位暱稱叫「masakasakasama」的玩家，以19小時25分破關。
什麼？進入「魔幻地牢」之後，應該不可能低於20小時才對呀！
沒錯，不可能的。
……
莫非是有突破「魔幻地牢」的捷徑？
在內姆魯鎮的旅社住宿5次，就能從老闆手中拿到一把「夢幻鑰匙」。
多功能顧問機器人 喬巴（Chopper）
你知道該怎麼用!?
嗯，我在京子姊家裡，
和類似的AI機器人說過話。
京子姊？
那是誰啊？

她住在我家隔壁……
是個研究人工智慧的專家，
開發了很多遊戲和程式，
都會拿來請我玩一玩。
裕太！能不能介紹給我認識？現在馬上！
哇！
ガッ
嘎
她可不是像你這種類型的人喔！
而且還有點怪怪的……
無所謂啦！
好啦！
ピンポーン
叮咚！
京子姊在嗎？
來了~
ガチャ
嘎恰

啊～
妳又熬夜啦？
呵呵……
嗯！我找到一篇很有意思的國外論文～
裕太？怎麼啦？
嗯？
呃……這位是我叔叔……
妳好。
啊……？

嗯～原來如此……
那樣當然沒辦法把喬巴運用得淋漓盡致啊！

啊？為什麼……
它雖然叫做人工智慧，但畢竟不是人，談話沒辦法那麼靈活。

可是我聽說它「能和人類對話」呀……

聽好囉，所謂的「人工智慧」，指的是『「看起來就像是』擁有人類智慧的程式」，
可不是真的人類喔！

所以它充其量只是部機器？
那當然！

原來如此……
喂!!
你剛才露出了「原來只有這點水準啊?」的表情了吧!?
啊?沒有啦……!
啪!
人工智慧裡可是蘊藏著超越電腦和網路的無限可能呢!
好吧!就讓我從零開始教教你,
讓你了解人工智慧(AI)到底是什麼!
噹噹~
砰!!

啊～!?
這不是正好嗎？反正你也想了解一下人工智慧，對吧？
啊～
我是很有心，但我現在要先睡一覺，你們下禮拜再來吧！
ゴロン
咚
啊？睡一覺……？
不是才剛過中午嗎……？
我不是說了嗎？
她是個有點怪怪的大姊姊。
くー
呼～
くかー
呼～

第2章 人工智慧如何成長？

第3章
人工智慧已開始超越人類！

第4章 人工智慧將如何改變社會？

第5章 洞悉你我與人工智慧的未來

漫畫故事大綱

誠司任職於某家商社。有一天，主管下令要他「籌備一個運用人工智慧機器人『喬巴』的新專案」。誠司心想：「到底什麼是人工智慧啊？」正當他煩惱著不知該如何是好之際，他在外甥裕太的介紹下，認識了一位號稱是研究人工智慧的專家──京子。誠司原本只想知道喬巴該怎麼使用，孰料堪稱「超級人工智慧宅女」的京子，竟要從零開始，為他講授人工智慧的基礎知識……究竟誠司能否順利不負所託，完成主管交辦的任務，進而扭轉未來呢？

人物介紹

齋藤誠司

目前單身，任職於某家商社的上班族，對所有電腦類的事物都覺得很感冒，是個不折不扣的文組男。主管要求他籌備一個運用人工智慧機器人「喬巴」的專案，他卻還在煩惱著「到底什麼是人工智慧？」。

水野京子

任職於一家大型軟體製造商，是一位研究人工智慧的專家。這位年紀輕輕就已取得博士學位的天才，一旦埋頭做起某件事，就會忘了時間的存在，生活作息很不規律。她目前單身，住在裕太家隔壁。

近藤裕太

誠司的外甥（他媽媽是誠司的姊姊）。由於父母都在外工作，因此假日多半會把他托給誠司照顧。裕太的個性比較內向，但和誠司、京子都很親近。他是個無可救藥的電玩迷，對電腦或程式並不特別畏懼。

喬巴

某家科技公司所推出的多功能顧問機器人，可連線上網，回答各領域的疑難雜症。它除了具備收發電子郵件、管理行程等助理功能之外，還具有辨識能力，可讀懂使用者的情緒。

序章

人工智慧到底是什麼？

你我的生活中，
其實早已接觸到各式各樣的
人工智慧科技——舉凡掃地機器人、
智慧喇叭和情緒辨識機器人等，
比比皆是。所謂的人工智慧，
就是指「有智慧的機器」。
但究竟「智慧」是什麼？就讓我們從這
個看似簡單、實則深奧的問題開始，
一起來動動腦吧！

具備什麼條件才能稱為「智慧」？這才是關鍵！
一週後
我來考考你們！
「人工智慧」是什麼？
聰明的機器人……？
「聰明」這個認知倒是沒錯，
可是「人工智慧」並不等於「機器人」喔！
機器人指的是硬體（外殼），而人工智慧則是指軟體（內容）。
沒錯！比方說，我們不是都把那個東西稱為人工智慧（AI）嗎？
電動玩具……？
噗咻——！
嘶嘎——！
硬體和軟體……？
嗯，除了玩家所操縱的角色之外，
還有輔助角色和敵人角色……

裕太，你現在打的那個敵人強嗎？

很強啊～！我只要一拿出冰盾，牠就對我噴火……

ゴオオッ

吼～

哇！

被抓到弱點了！

唔……原來遊戲會看裕太的動作，來發動不同的攻擊啊！

情況和我打的時候完全不同。

妳的意思是說，這個敵人角色，也是靠人工智慧操縱的囉？

バシュ

叭咻！

ガガン

嘎扛！

如果玩家看起來覺得它有智慧，那應該就算是了吧！

啊？是看玩家感覺來決定的呀？
其實應該是說，要看有沒有加入一些「讓人覺得角色有智慧的巧思」。

這些可以說是「智慧」嗎……
裕太，你躲到岩石後面看看。
啊？嗯！

唰！

怎麼樣？你們還覺得牠有智慧嗎？

不覺得，牠現在根本就是個傻瓜。我就躲在牠眼前的岩石後面，牠竟然找不到……

這和你想像的人工智慧很不一樣嗎？
嗯，不過想想也覺得好像就是這麼一回事。
是呀！這個敵人角色所做的，其實就只有：
①在固定範圍內活動，想找出玩家在哪裡。
②觀察玩家的裝備，找出弱點，做出能重創玩家的舉動。
③有時會閃躲玩家的攻擊。
這3件事而已。

光是做到這3項，竟然就能讓人覺得牠「有智慧」……

當我們認為牠是看玩家的行動而做出反應時，我們就會覺得牠很聰明，對吧？

的確，像動物也是，只要牠們會對人類說的話做出反應，我們就覺得牠們很聰明。

WAIT!

わんっ

汪！

其實很多地方都運用了類似的概念……

生活周遭的人工智慧
你想和我聊什麼？
閒話家常之類的
我喜歡跑步 ww 可是我不跑喔 ww
因為會很累？
（＊´艸｀）
聊天機器人
Rina
掃地機器人倫巴
（Roomba）
自動駕駛車
情緒辨識機器人
（Pepper）
圍棋、將棋 AI
（AlphaGo／
Bonanza）
智慧喇叭
（Amazon Alexa）
例如說打掃屋子時會自動閃避障礙物，
會與人交談等等，就會讓人覺得它們好像真的有智慧，對吧？
喔！沒錯！沒錯！
相反的，下面舉的這些例子，就無法稱為人工智慧。
畢竟看起來很有未來感，和有沒有智慧是兩回事。
這個界線我好像似懂非懂……
採用最先進的技術，但不是人工智慧產品
跑車
電子票證
全自動馬桶
作業系統
（Windows、Macintosh）
高階吸塵器
（戴森）

沒關係，我還有另一套判斷標準。你可以看看它們有沒有這3項特質：
學習能力

判斷能力

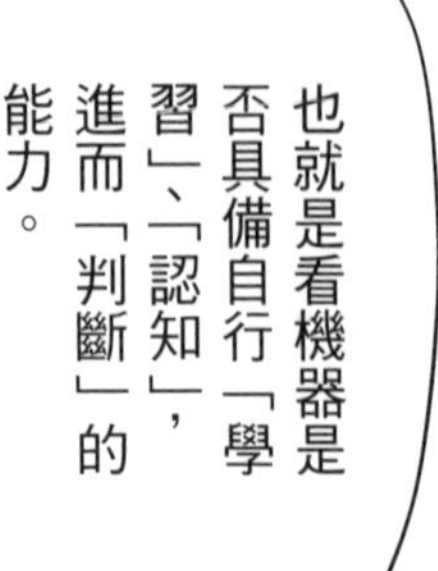
認知能力
也就是看機器是否具備自行「學習」、「認知」，進而「判斷」的能力。

假如有一款遊戲，角色用電腦繪圖繪製，設計精美，但講話和動作都千篇一律；
勇者用銀之劍砍了一下，對方身受重傷，損失10,000點生命值！
「可惡！氣死我了……！」
勇者用天之劍砍了一下，對方身受重傷，損失10,000點生命值！
「可惡！氣死我了……！」▽

另一款是過時的點陣圖畫風，但角色會先預測玩家的想法，再採取行動……

你會覺得哪一款比較有智慧？
當然是這一款呀！

對吧？所以說差異是在軟體。
不是外型喔！

不過呢，其實在專家學者之間，對於「什麼東西才能稱為人工智慧」這一點，意見很分歧。
欸？是喔？

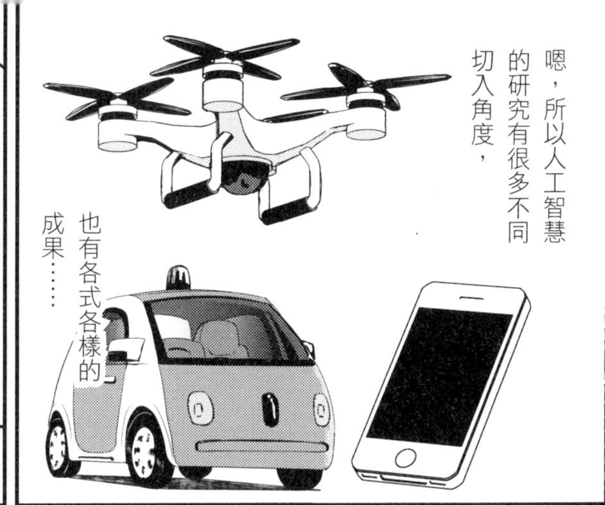

嗯，所以人工智慧的研究有很多不同切入角度，
也有各式各樣的成果……

ビッ
不過……學者專家們的目標只有一個！

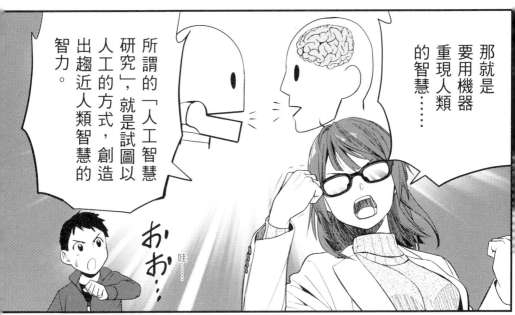

那就是要用機器重現人類的智慧……

所謂的「人工智慧研究」，就是試圖以人工的方式，創造出趨近人類智慧的智力。

おお…
哇……

所以呢，下星期我們就從零開始，說明專家學者打算如何重現人類的智慧。
要、要從那裡開始講啊……？
那喬巴的使用方法呢……？

我們早已透過電玩遊戲接觸到了人工智慧！

提到人工智慧（ＡＩ），我們的腦海中就會浮現各式各樣的想像。例如電影裡那些可如真人般對話的機器人，或是已存在現實生活中的Siri和Google Assistant等服務。除此之外，還有一種早在多年前即被稱為「ＡＩ」，但其實一直妾身未明的東西，**那就是出現在電玩遊戲裡的ＡＩ**。

它有時是協助玩家的的盟友，有時可能是玩家的敵人。這些角色，我們很自然地就稱之為ＡＩ。而近來在電玩裡所出現的ＡＩ，有些的確行為舉止就像是真的有智慧似的。

另一方面，包括較早期的電玩在內，許多遊戲的ＡＩ，還是讓人很難感受到它們的「智慧」何在。當我們看到遊戲裡那些不管玩家怎麼動，就只會到處飄移的「障礙物」型敵人；或雖會追著玩家跑，卻一下子就被牆擋住的敵人時，恐怕很難感受到它們有何智慧可言吧！

電玩遊戲的ＡＩ裡，蘊涵的慧心巧思千變萬化，各有不同，但要讓角色「看起來像是在有意識的情況下行動」這一點，其實是共通的。它們的特色，就是以「設法打倒玩家」、「閃躲玩家攻擊」、「協助玩家」等各自的意念為基礎，自動自發地採取行動。

綜上所述，**一款人工智慧的好壞，關鍵在於有沒有花心思讓它們看來「很聰明（有智慧）」**。就這一點而言，電玩遊戲應可說是從早期就一直陪伴在我們身邊的人工智慧吧。

ＡＩ
Artificial（人工的）Intelligence（智慧）的縮寫，而「人工智慧」就是來自這個詞的翻譯。這個詞彙首見於達特茅斯會議。

Siri
蘋果iOS或MacOS作業系統上所搭載的一款祕書型人工智慧。它能理解人類的語言，還會回答一些簡單的問題。

Google Assistant
安卓裝置或Google Home（智慧喇叭）上所搭載的一款對話型人工智慧。

從電玩 AI 看人工智慧的進化

在電玩 AI 當中，處處蘊涵著「讓它看來很有智慧的巧思」。以下是其中的一個例子，而電玩 AI 就是像這樣，一點一滴進化而來的。

1 只在一定的範圍內移動

不管玩家所操縱的角色如何動作，敵人只會在預設範圍內持續移動。

2 能辨識玩家並追蹤

只要在視線範圍內發現玩家，就會開始動作的敵人，但很容易被障礙物阻擋。

3 在追蹤時會閃避障礙物

既可辨識障礙物，又可持續追蹤玩家的敵人。可明顯感受到它們的智慧比①、②高出許多。

AI 題外話

為什麼電玩裡的非玩家角色會稱為ＡＩ？

會把非屬玩家操作的遊戲角色稱為ＡＩ，其實是因為人工智慧在發展之初，即以電玩遊戲當作研究題材的緣故。在早期的研究裡，就已開發出可在西洋棋或傳統方塊遊戲中與人類對決的人工智慧。後來人工智慧又再持續演進，到了家用電視遊樂器問世時，便將那些與玩家敵對的角色統稱為ＡＩ。因此，現在即使是未運用人工智慧技術的電玩遊戲，習慣上還是會將敵方角色稱為ＡＩ。

不過，實際上的確有許多電玩角色都蘊涵著「讓角色看起來很有智慧」或「讓玩家玩起來更得心應手」的巧思。若我們在遊戲過程中，能從某些地方察覺到角色背後運用了什麼樣的巧思，進而感受到角色的行為動作「具有智慧」，那就值得稱之為人工智慧（ＡＩ）。

具備什麼條件才能稱為「智慧」？界定其實很模糊

如今，不僅是電玩遊戲的ＡＩ，許多人工智慧都已實用化。例如掃地機器人（倫巴）、聊天機器人（Rina）、情緒辨識機器人（Pepper）、圍棋、將棋ＡＩ（AlphaGo/Bonanza）、智慧喇叭（Amazon Alexa），以及自動駕駛車等。

以掃地機器人為例，它們會自行辨識前方障礙物，主動閃躲，還會自己回到充電座充電，**儼然就像是人類出門工作後，自己回家的模樣，一舉一動都散發著智慧。**

除了掃地機器人之外，市面上還有吸力更強大好幾倍，或設計充滿未來感的吸塵器。然而，光是性能很高階、設計很前衛，還稱不上是用到了人工智慧，因為「性能高階」、「未來感」、「先進」這些關鍵字，都與

生活周遭的各種人工智慧

近年來，由於人工智慧的實用化發展日趨進步，許多商品、服務都運用了人工智慧的技術。

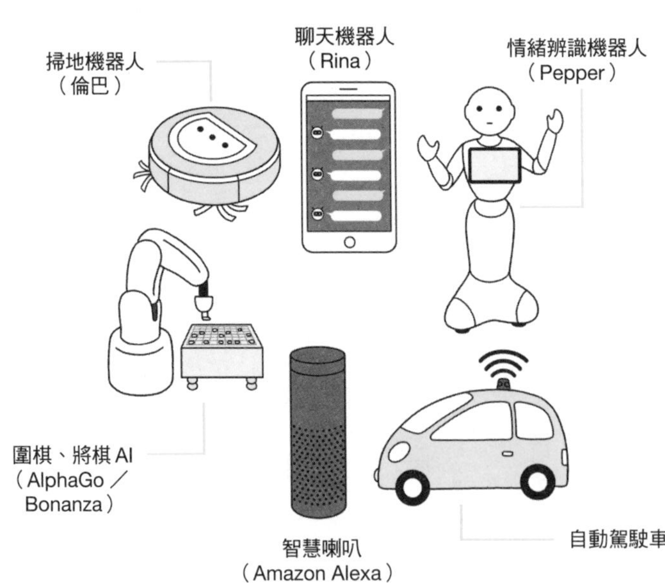

人工智慧無關；而「會自動運轉的機器」，例如自動門之類的產品，也不見得一定是人工智慧。

然而，要判斷一項產品究竟是不是用了人工智慧技術，其實並不容易。畢竟人工智慧是「用機器重現等同人類水準的智慧」，因此**只要人類看起來覺得「有智慧」的產品，應該就可稱之為人工智慧**。不過，因每個人的感受不同，這樣的標準容易流於模稜兩可。

還有一套分辨的標準，就是看機器是否具備「學習能力」、「判斷能力」和「認知能力」，也就是**有無自行「學習」、「認知」，進而「判斷」的能力**。可是，在這套標準下，電腦或智慧型手機上的「預測字詞」、「自動校正」等功能，也會被納入人工智慧的範疇，和人類的感受不盡相同。

事實上，目前專家學者對於人工智慧的定義也還沒有定論。因此究竟該如何判斷機器是否導入了人工智慧，是個相當棘手的問題。

具備什麼條件才能稱為「人工智慧」？

條件① 看起來就像是有智慧

符合「看起來就像是有智慧」、「以有智慧為前提打造的產品」，就算是人工智慧。

問題點

- 仰賴人類感受來判斷，界線容易流於模稜兩可。
- 一旦聰明程度不如人類預期，看起來就會變得不那麼有智慧。

條件② 具備學習、認知、判斷能力

只要機器具備自行「學習」、「認知」，進而「判斷」的能力，就算是人工智慧。

問題點

- 「預測字詞」、「自動校正」等功能，也會被納入人工智慧的範疇。
- 單純的電玩遊戲 AI，會被排除在人工智慧的範疇之外。

「智慧」到底是什麼？

既然人工智慧是指「有智慧的機器」，那麼「智慧」指的又是什麼呢？例如那些電玩遊戲的AI角色，究竟要有什麼樣的舉止表現，才能稱得上是有智慧？

首先，「能否流暢地與人對話」就是一個可以用來檢視產品有無智慧的方法。人與人之間會透過對話，感受到對方是否聰明機靈。同樣的，我們也可透過線上聊天功能等方法來與機器進行對話，藉以判斷產品是否有智慧。**若能與人類進行自然流暢的對話，即可判定該產品具有智慧。**

如為不具對話功能的產品，則可觀察機器運作時的動作來判斷。**若機器能就使用者的動作，做出合理的判斷，進而採取適當的反應，應該就可以判定是「有智慧」的產品。**

不過，近來AI不僅可以與人類對話，還能像人類一樣，巧妙地操縱遊戲中的角色。

當高階人工智慧能在電玩遊戲這種有諸多限制的環境下，做出宛如人類的言行舉止時，我們便很難在遊戲中分辨出誰是人類、誰是人工智慧。**在遊戲這個有限的世界中，人工智慧已擁有等同人類的智力**；而在毫無限制的真實世界裡，人工智慧即使在特定領域的表現比人類出色，整體而言仍遠不及人類。

人工智慧裡的「智慧」，究竟是何方神聖？

人工智慧擁有如同人類般的智力？

人類以「語言」和「工作表現（遊戲表現）」作為有無智慧的標準。而目前可達到這些標準的人工智慧已經問世。

電玩 AI 讓人感受到的智慧

有時可透過線上聊天功能，巧妙地與人類對話。 → 可進行等同人類水準的日常對話！

會視玩家的舉動，做出妥善的回應，或刻意犯下如人類般的無心小錯。 → 可代替人類工作！

在電玩遊戲的世界裡，人工智慧已成功重現等同人類水準的智慧！

在現實世界中也可做到類似的表現！

AI 題外話

智慧的有無，可能因狀況或比較方法不同而改變

至少我們可以肯定地說：在電玩遊戲這種行動受限的世界裡，人工智慧可以輕輕鬆鬆地就創造出一個狀態，讓玩家覺得「這傢伙是有智慧的」。

在現實世界裡適用的智慧，當然不能和遊戲裡用的智慧相提並論。況且人類智慧最大的優勢，就是「泛用性」。所謂的泛用性，意指「可做的事五花八門」、「可因應各式各樣的狀況」。相對的，人工智慧幾乎都是「專用型」的產物，也就是在特定環境下的特別出色。例如在「電玩遊戲」這個特定場域裡表現傑出的遊戲ＡＩ，也是「專用型」的產品。「專用型ＡＩ」有一個缺點，就是很難應付預期之外的情況。有些人因為這個缺陷，就將人工智慧視為「不完整」的技術。其實只要環境條件許可，ＡＩ甚至可展現出與人類智慧相差無幾的實力。

這樣思考過後，我們就可以知道：「智慧」一詞的定義其實相當模糊，無法輕易地劃出它所指涉的範疇。

column 1

懂得「款待」玩家的3種電玩ＡＩ

你我最早接觸到的人工智慧是什麼呢？近來，許多裝置都運用了人工智慧的技術，因此每個人的答案可能各有不同。然而，如果是在早期，一般人最早接觸到的人工智慧，其實就隱身在電玩遊戲裡——畢竟人工智慧直到最近才發展到實用水準，而在此之前，它都是應用在「娛樂」方面。我們接觸ＡＩ的機會，就只有遊戲ＡＩ或聊天機器人而已。這樣的遊戲ＡＩ，可大致分為「角色ＡＩ」、「導航ＡＩ」以及「高端ＡＩ」這3種。

和我們直接面對面的「夥伴」或「敵人」角色，都是受到「角色ＡＩ」操控。這種人工智慧的特色，是會隨著玩家的行為變化而自主地活動，玩家則會因為這個ＡＩ的行動而東奔西跑。玩家東奔西跑，角色ＡＩ也會因此而調整自己的舉動。不少電玩遊戲其實就是建立在這種「你追我跑」的基礎上。

「導航ＡＩ」則是負責辨識地形和環境，再將位置或路線資訊傳送給其他ＡＩ的人工智慧。角色ＡＩ要以最短距離追上玩家，或要在自動前進時閃避障礙物，都必須仰賴這個不可或缺的ＡＩ。

至於「高端ＡＩ」則是扮演了遊戲管理員的角色。它會依據角色ＡＩ或導航ＡＩ回傳的資訊及玩家狀況，對角色ＡＩ下達指令，「導演」整個遊戲的進行。例如當玩家踏入特定區域時，就出現大量敵人ＡＩ；或在玩家遭逢危機時，夥伴角色現身相助等。遊戲劇情發展能保持適度的平衡，全都是拜高端ＡＩ之賜。它們堪稱是在遊戲裡負責「款待」的ＡＩ，好讓玩家能盡情地享受遊戲樂趣。

第1章
人工智慧是怎麼誕生的？

一切的開端，始於這個念頭——
「想做出一部像人類一樣聰明的機器」。
只不過，當初既沒有實現這個念頭的方法，
理論方面也還處於摸索階段。
況且當時不比現在，沒有高階功能的電腦，
是由許多學者專家前仆後繼，
不斷嘗試錯誤，傾注熱情，
才點滴累積出了今日的成果。

各界都對人工智慧的誕生充滿期待！

歡迎兩位

光臨我的研究室！

原來京子姊就是在這裡從事人工智慧研究啊！
是用機器重現人類智慧的研究啦。

京子姊，那種事真的做得到嗎？

的確是不容易。

我這個外行人，連該怎麼做都完全無法想像。

坦白說，早期的學者專家也差不多是這樣。

啊？

當時是有些基礎理論之類的東西，
但各界都還在摸索該怎麼讓這些理論成真……

就在此時，一道曙光照亮了人工智慧領域。
啪……
是什麼？

噹噹～
就是它！

電腦……？
沒錯！機器的進化，催生出了一種電腦，能依人類訂出的各種規則來運作！
啪啪！！

規則？
例如9點一到鬧鐘就會響，
09:00
10點一到就自動開燈之類的。
啪！

啊？只能做那麼單純的事……？
它們可以做很多搭配組合！因為不管規則有多少，只要彼此沒有衝突，電腦都可以了解。
而幾乎是在同一時期，人類破解了腦神經細胞的運作機制……
真是的……
發現這兩者有個共通點，那就是都透過「0」（off）和「1」（on）的開關切換，來進行各式各樣的運作。
喔～
0
1
原來大腦和電腦都那麼簡單啊……
哦～
既然如此，那麼用電腦來重現人類大腦的想法，或許也就……
不是不可能了！

嘿嘿……就這樣，催生出了人工神經元，

腦神經細胞（neuron）

人工神經細胞

它和人類的神經元一樣，會處理來自多個輸入層的資訊，再從輸出層產出。

原來是用人工方式製造出了腦的神經細胞啊……

好強～

我開始覺得人類能開發出人工智慧了！
事實上，當時很多專家學者也都這麼認為。

當年有兩位偉人，對人工智慧的基礎理論建構貢獻卓著，也為這些專家學者帶來了莫大的影響……
嘿嘿嘿
フフフ…
是誰啊……？

圖靈機

讓這部機器讀取一條寫著指令的紙帶，它就能依指令運轉。這就是電腦程式的原型。

馮紐曼架構電腦

現代電腦的原型，現在的電腦、智慧型手機和平板，都是以馮紐曼架構來運轉的。

你聽了可別嚇到，當年這兩個人發表研究成果時，泛用型的電腦可是還沒問世呢！

簡直就是天才！
喔……真的啊……
又不是偶像明星……

有了他們兩位確立的基礎理論，再加上電腦問世，才促成了達特茅斯會議。
這場會議，匯集了當時各地從事人工智慧研究的頂尖好手。會中首度使用了「人工智慧」（AI）這個詞彙。

會中大家分享了許多研究成果，兩大流派就此應運而生。

符號主義和聯結主義

這兩派就像是找理論解決事情，或憑感覺解決事情一樣。
理論派和感覺派啊……
理論派
符號主義
感覺派
聯結主義

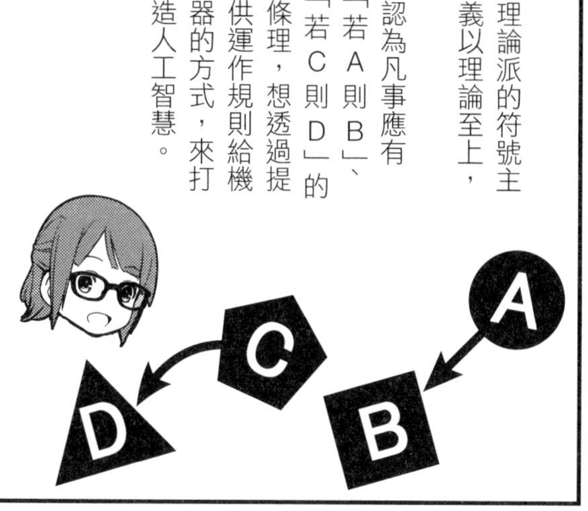

理論派的符號主義以理論至上，認為凡事應有「若A則B」、「若C則D」的條理，想透過提供運作規則給機器的方式，來打造人工智慧。
A
B
C
D

有這麼簡單嗎？

嗯，所以從符號主義切入的人工智慧研發，很快就繳出了成績單。

例如用人工智慧和人類下西洋棋、拼圖，甚至還推出了可與人類對話的人工智慧。

連對話也行!?

相對的，感覺派的聯結主義以經驗（資訊）至上，
他們要把人工神經元集合起來，打造出人工的腦神經網路，也就是所謂的類神經網路（neural network）。
接著再提供各種資訊給類神經網路，讓它從頭開始學習解決問題的方法。

就像我在解數學題一樣？

就是那個意思！

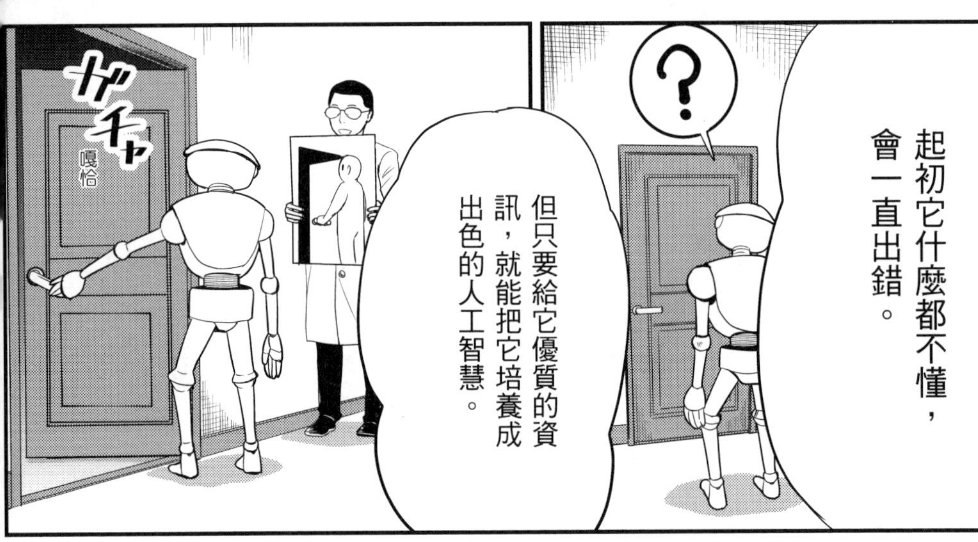

起初它什麼都不懂，會一直出錯。
？
但只要給它優質的資訊，就能把它培養成出色的人工智慧。
ガチャ
嘎恰

那聯結主義派有什麼具體的研發成果嗎？
他們促成了感知器（Perceptron）問世。
感知器？

就是會自主學習的類神經網路呀！
嗯、嗯
フム フム
自主學習！

如果世界上真的出現會自己從零開始學習，還能自己解決問題的人工智慧，你們不覺得很厲害嗎？
很厲害呀！

而且還會下西洋棋、破解拼圖！

當時的人也是這樣想的，所以掀起了一波研究的熱潮。

不過期待越高，失望就越深……
唉……
ハア…
人工智慧好神～！
喂、喂，別把我的東西弄壞啦……！

1-1

1分鐘搞懂

人工智慧是怎麼誕生的？

人工智慧是怎麼誕生的？

20世紀中葉

創造出「像人一樣聰明的機器」
就是所謂的人工智慧研究

可是當年空有理論
缺乏能讓這個念頭成真的方法……

那人工智慧又是
如何誕生的？

詳細內容請參閱 P.42 ！

轉機 1

電腦問世

人類透過規則的建立，成功地將人類複雜的思維內容傳達給機器。

轉機 2

破解腦神經細胞

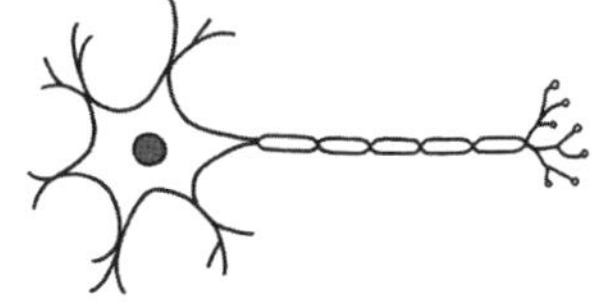

發現神經細胞的運作機制與電腦相似，為重現人類大腦帶來了一線希望。

此時就理論上而言，人工智慧的開發已逐漸透出些微曙光。

如何實現這些理論？

- 電腦要理解人類的規則。
- 能像人類大腦一樣傳遞資訊。

這需要複雜且高階的運算處理功能！

因此有人想出了這些辦法……

詳細內容請參閱 P.44

電腦程式的始祖！

圖靈機

人類將指令內容（規則）寫在一條紙帶上，讓機器執行指令內容。光是這樣，機器就會解數學題。它是用程式進行資訊處理的基礎理論。

詳細內容請參閱 P.44

電腦的起源！

馮紐曼架構電腦

可將程式當作數據資料儲存下來，並依序讀取、執行的電腦。它是現代泛用型電腦的起源。

詳細內容請參閱 P.43

重現腦神經細胞！

人工神經元

模仿人類腦神經細胞所打造出來的人造神經元。它能處理來自多個輸入層的資訊，再從輸出層產出。

當這些辦法有了一定的具體成果時……

召開達特茅斯會議！

「電腦」×「人腦」，打造出像人類一樣聰明的機器

起初，人類並沒有打造人工智慧——也就是「像人類一樣聰明的機器」——所需的理論和方法。**然而，就在電腦問世之後，情況為之丕變**。

機器是一種很方便的裝置，只要打開開關，它就會為我們工作到天荒地老。我們可以賦予各個開關不同的功能，例如「打開A開關，鬧鐘就會響」、「打開B開關，燈光就會亮」等等。開關越多，機器就能為我們做更多不同的工作。**而電腦的出現，讓人類開始可以管理這些數量龐大的開關**。

在電腦裡，開關是以0（關）和1（開）來呈現，而0和1的排列組合，讓電腦得以發揮各種不同的功能。起初電腦還只能進行加法和減法的運算，但結合加法與減法之後，就可以進行乘、除計算。只要再學會四則運算，就可以處理方程式和函數。就這樣，電腦能處理的事情日趨繁複。

此外，人類在電腦問世之前就成功破解的腦神經細胞，也是科學上的重大發現。人們這才知道：**原來腦神經細胞的運作機制和電腦一樣，都是只以0（關）和1（開）來處理複雜的工作**。這兩件大事，催生了「人工神經元」，也就是用電腦重現的腦神經細胞。

仿照人類神經細胞打造的人工神經元

將腦神經網路會因獲得的資訊而進化的機制，應用在電腦上，創造出了模仿神經細胞所製成的人工神經元。

腦神經細胞 → 人工神經元

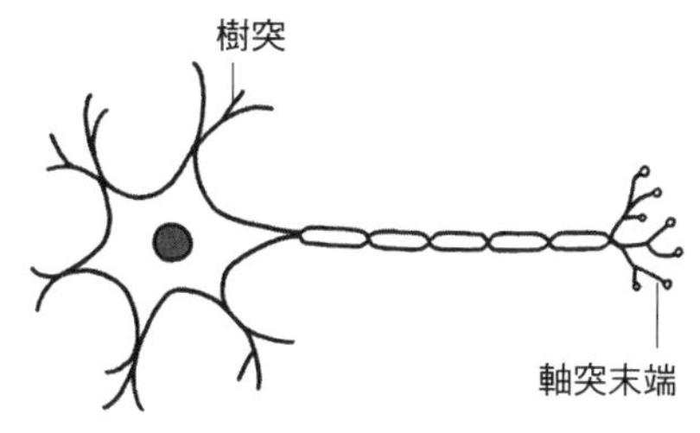

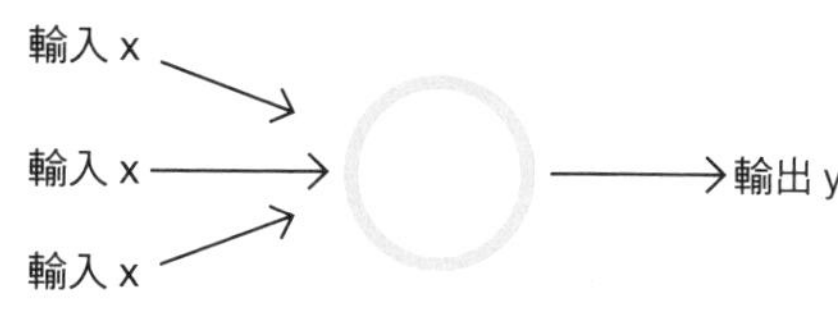

人類的腦神經細胞，是從樹突接收資訊，在神經元處理過後，從軸突末端輸出。而神經元之間則是以突觸連結。

人工神經元和腦神經細胞一樣，可處理來自輸入層的資訊，並傳遞到輸出層。

AI題外話

隨著電腦性能的提升，各界對人工智慧寄予更多厚望

人類開發出電腦的那段時期，正是第二次世界大戰烽火連天之際。因此電腦技術的研發，包括它的軍事用途在內，都在全世界如火如荼進行。於是電腦的性能越來越強大，不僅在軍事用途上，更廣泛運用在其他許多領域。

在諸多應用當中，各界對於「電腦或有機會打造出人工智慧」更是期待至深。不僅專家學者關注人工智慧的研究，就連各國政府也積極參與，開始投資大型的研發專案。此外，一般民眾對於人工智慧的關心程度也與日俱增。以人工智慧為題材的小說和電影等科幻作品，在社會上大受歡迎。

就這樣，隨著廣大群眾的期待日漸膨脹，「人工智慧」這個名詞也在社會上各個角落紮根，開創了史稱「第一次人工智慧熱潮」的時代。

最早想出人工智慧的2位天才

用更具體的理論，向世人呈現「只要有電腦，就能打造出人工智慧」這個概念的，有兩位最具代表性的人物——**艾倫．圖靈（Alan Turing）和約翰．馮紐曼(John von Neumann)**。

首先，圖靈在電腦問世之前，**就已想出了所謂的「圖靈機」理論，並在日後成為電腦程式的原型**。此外，他還想出了「有智慧的機器」，也就是人工智慧的原案，還實際打造出了一套用來下西洋棋的手動計算程式。他在連「人工智慧」這個詞彙都還不存在的年代裡，獨力建立起與今日人工智慧極為相近的概念，為日後人工智慧研究的發展鋪了路。

另一方面，馮紐曼則是個多才多藝的天才，設計出了馮紐曼架構電腦，後來成了現代電腦的原型。現今社會上的電腦、智慧型手機和平板等電子產品，都是仰賴馮紐曼架構在運作。

有了圖靈和馮紐曼所建構的基礎理論，再加上電腦的問世，為人工智慧研究的發展奠定了基礎。接著在一九五六年，**達特茅斯會議**登場，當時所有從事人工智慧研究的頂尖專家齊聚一堂，分享彼此的研究成果並交換意見。**在這場盛會當中，「人工智慧（AI）」一詞首度出現**。此後，達特茅斯會議成了人類正式展開人工智慧研究的起點。

人工智慧研究正式展開之前

在電腦問世的 20 世紀中葉，竟隨即有人想到「用電腦打造人工智慧」，令人大感驚訝。

艾倫・圖靈
（1912-1954 年）

英國數學家，又以破解恩尼格碼（Enigma）密碼機所加密過的密碼而聞名。他也構思了一套用來判別機器「是否有智慧」的測試手法，後人稱之為「圖靈測試」（Turing test）。

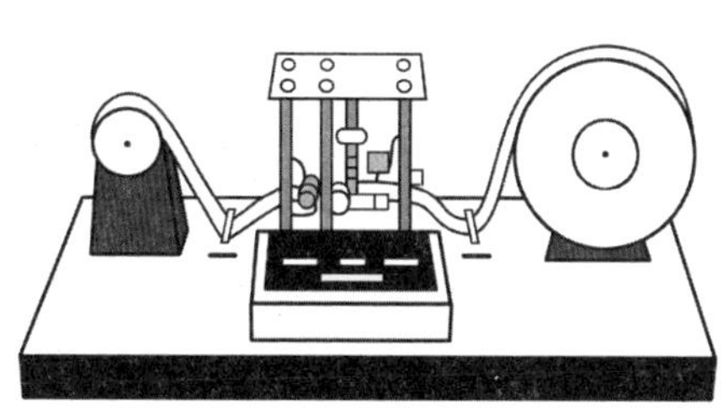

發明圖靈機！

約翰・馮紐曼
（1903-1957 年）

著名事蹟包括整合量子力學理論，參與核子武器開發，還建構許多經濟理論等，多才多藝。此外，電腦可自動增生的「細胞自動機」（cellular automaton）理論，也出自其手。

算術邏輯單元（CPU）
輸入單元（鍵盤等）
中央處理器（CPU）
輸出單元（螢幕等）
記憶單元（主記憶體等）
命令
傳送數據資料

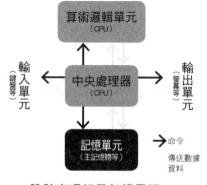

設計出馮紐曼架構電腦！

確立了人工智慧研究的基礎理論！

1956 年 舉辦達特茅斯會議！

分享目前的研究成果，訂定人工智慧研究的目標。

- 馬文・閔斯基（Marvin Minsky）
- 約翰・麥卡錫（John McCarthy）
- 克勞德・香農（Claude Shannon）
- 艾倫・紐厄爾（Allen Newell）
- 賀伯・西蒙（Herbert Simon）

相當於是圖靈和馮紐曼繼起世代的傑出學者專家，全都齊聚一堂。

1-2

1分鐘搞懂

人工智慧是用什麼方法打造的？

方法1　符號主義

將人類的知識、智慧符號化，
進而規則化的一套方法

↓

已有處理問題的規則，
只要有電腦能遵循這套規則來運作即可！

「若A則B」
「若發現C則D」
「變成E時就要F」等

詳細內容請參閱 P.48 ！

↓

特別擅長可以理論解決的問題，或可規則化的領域！

西洋棋、拼圖、迷宮等。

不擅處理無法以語言說明清楚的問題，或無法歸納成理論的領域！

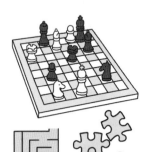

影像辨識、語音辨識等。

↓

由符號主義發展出來的這一套方法，
是人工智慧技術的基礎！

方法 2　聯結主義

以重現腦神經網路為目標的一套方法

只要具備人工智慧在學習時
所需要的優質經驗（資訊）即可！

可以是人工智慧的
親身經驗，也可使用
過去的統計數據！

\ 詳細內容請參閱 P.50 ！ /

特別擅長人類無法以語言說明的問題，
或從經驗中學習更有效率的領域！

它們的思考方式，就連人類也不知道。

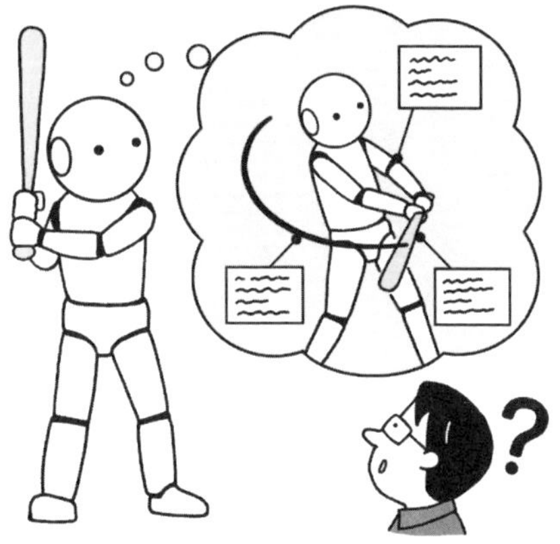

發展出今日的「深度學習」！

用「符號主義」把人類的思考規則化

所謂的符號主義，就是從「知識和語言都能以符號（語言或算式）呈現」的立場出發，試圖打造出人工智慧的一種方法。在這個前提下，人工智慧只是依照人類預先準備好的規則，例如「若A則B」、「若發現C則D」、「變成E時就要F」等，聽令行事罷了。

這個機制很簡單易懂，建置容易，因此以符號主義為基礎的人工智慧研究，很快就百花齊放，成果豐碩。**其中最具代表性的，就是會下西洋棋的人工智慧，以及會拼圖的人工智慧。**它們運用電腦卓越的計算能力，迅速地破解許多連大人都覺得困難的問題，因而備受各界期待。

人們認為既然光有一套規則，就能讓人工智慧學會下棋，那麼應該還可以做到很多其他事。例如想閃避障礙物，就只要編寫「撞到東西就往後退，再換個方向走」、「記住在哪裡撞到東西，下次避開那個地方」的規則即可。而目前持續發展此類技術，期能透過「若前方雷達有反應，就踩下煞車」、「與白線或牆壁之間距離越來越近時，就要轉動方向盤」等規則，朝實用化目標邁進的，就是自動駕駛車。

然而，要編寫出一套足以網羅所有現實世界情況的規則，談何容易。即使如此，**人類還是可以編寫出一套只講理論的規則，讓電腦照章辦事，進而打造出類智慧的機器。這一點可說是符號主義的優勢。**

▼會下西洋棋的人工智慧

一九六〇年代時，一套名叫「MacHack」的程式躍上檯面，並發展到可戰勝業餘西洋棋士的水準。

▼能破解拼圖的人工智慧

「河內塔」（Tower of Hanoi）是一套拼圖遊戲，玩家要將套在柱子（塔）上的積木，搬移到其他柱子。早年即已有人工智慧可輕鬆破解這款遊戲。

符號主義裡的「規則」是什麼？

具備人工智慧的電腦，就是一種「高階運算裝置」。只要給它一套只講理論的規則，它就可以進行各種連大人都覺得困難的高速運算。

西洋棋的 AI 規則

1. 從當前的局勢，評估所有「下一手能走的棋步」。
2. 評估我方每個「下一手能走的棋步」出招後，「對手能走的」所有棋步。
3. 評估每個「對手能走的棋步」出招後，我方所有「下一手能走的棋步」。
4. 持續評估至任一方的國王被吃掉，或雙方平手為止。
5. 從所有評估過的棋步當中，選出能以最快速度吃掉對方國王的棋步來下。

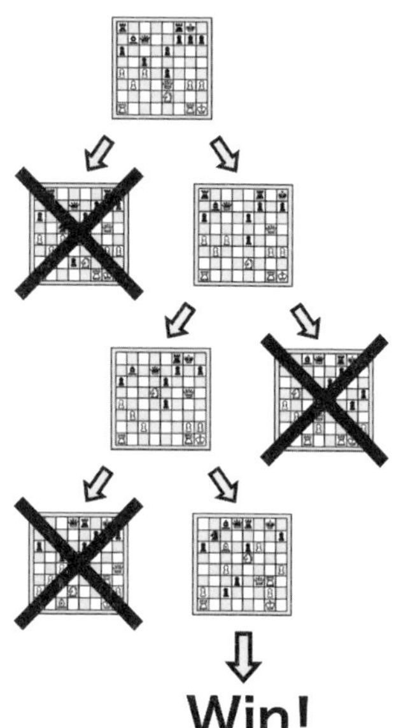

簡而言之，指令的內容就是「評估所有可能，並從中找出能最快擊敗對手的方法」。

只要運算能力夠強大，應該可以輕鬆完成這道指令吧。

關鍵

只要把規則訂得更嚴謹，也就是人工智慧該從所有評估過的選項當中，選擇循哪一條路徑來完成任務的「選定標準」更精確，人工智慧便可輕鬆升級進化。

問題

指令過於簡單，故在步驟⑤所推導出的最短路徑，可能因為被對手阻撓、打亂，以至於兵敗如山倒地輸掉整盤棋。

重現大腦的運作機制！「聯結主義」

所謂的「**聯結主義**」，是一套**以電腦完整重現人類大腦運作的方法**。而讓類神經網路進行學習，就是這套方法的起點。至於類神經網路，指的則是人工神經元的集合體，它正是以重現人類腦細胞為目標，所開發出來的技術。

以類神經網路為基礎的人工智慧沒有規則可循，所以起初什麼都不會，要透過不斷學習累積，一點一滴地記住解決問題的方法，才會漸漸變聰明。**這樣的學習方式，需要的是經驗（資訊）**——可以是人工智慧透過自發行為所獲得的經驗，也可以用既有的統計數據。

類神經網路的成長狀況，取決於學習素材，也就是資訊品質的好壞。如果資訊品質低劣，再好的類神經網路也是枉然。可是，在處理人類無法擬出規則的繁複問題時，只要能提供足量的例題和答案，類神經網路就能學會如何解答。

想讓類神經網路學會解答數學題，也就是需以理論思考來求解的問題，會相當曠日費時。反之，**學習那些很難用語言說明，或者多累積經驗就能掌握訣竅的事項時，就能發揮它的長才**。從這個特色當中，也可以看出聯結主義和符號主義在人工智慧的發展上，是兩種完全相反的切入方式。

【**小知識**】

以圍棋棋力闖出名號的阿爾法圍棋（AlphaGo），並不是個純粹的類神經網路，它也具備了充滿理論的「規則」，所以才能發展出足以戰勝人類頂尖棋士的棋力。

聯結主義裡的類神經網路是什麼？

類神經網路是應用聯結主義所打造出來的人工智慧，也就是所謂的感覺派。在無法規則化的問題上，最能發揮它的優勢。

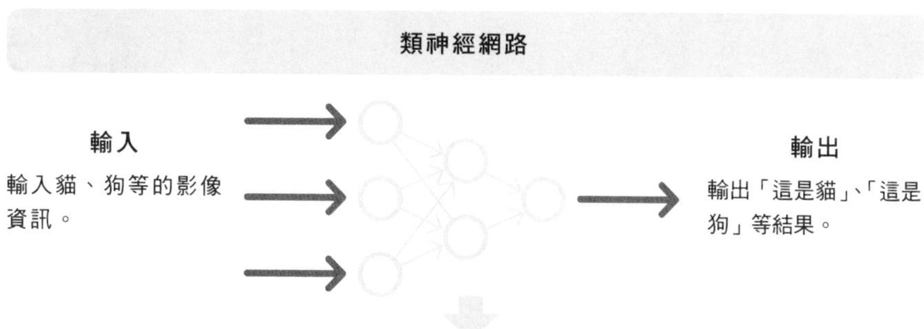

類神經網路
輸入
輸入貓、狗等的影像資訊。
輸出
輸出「這是貓」、「這是狗」等結果。

這種人工神經元的集合體，就是類神經網路！

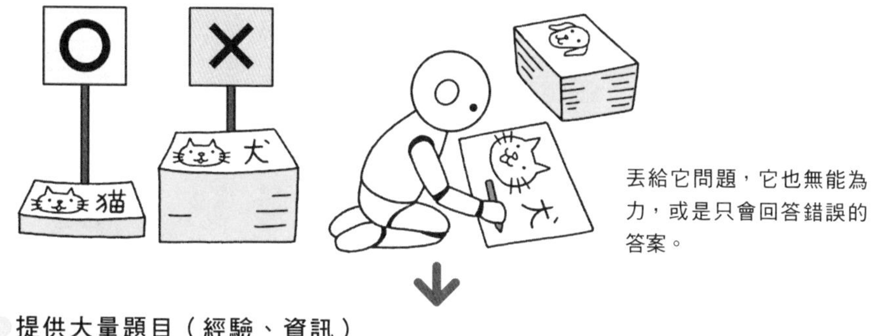

丟給它問題，它也無能為力，或是只會回答錯誤的答案。

提供大量題目（經驗、資訊）

以「挑戰解題，若成功就繼續，若失敗則停止」的方式進行學習。

即使是人類無法規則化的複雜問題，
人工智慧也能自行思考，並提出答案！

初期的人工智慧研究旋即獲得成果

在前述兩種不同方法的人工智慧研究當中，率先交出亮眼成績的，是以符號主義為基礎所打造的人工智慧。因為它擅長處理用理論解決的題目，因此除了數學題、拼圖、西洋棋和迷宮等**連人類都無法輕易破解的問題之外，它甚至還學會了如何說人類的語言**。

會說人類語言的人工智慧，我們稱之為**「聊天機器人」**（Chat bot）。起初，聊天機器人只能進行很簡單的對話，但它畢竟說著人類的語言，還回答人類問它的問題，因此成功騙過了不少人（沒發現它是人工智慧）。

另一方面，聯結主義陣營則推出了一款名叫**「感知器」**（Perceptron）的小型類神經網路，具有學習功能，各界對它都相當關注——因為它的出現，**讓人們開始期待「會從零開始學習解決問題的人工智慧，或許即將問世」**。

這些都是相當了不起的研究成果，就像是一個剛出生的孩子，和大人比賽西洋棋，破解困難的拼圖，還說著像成人一樣的對話，甚至開始自己學著解決那些沒人教過該如何解決的問題。難怪當時的民眾會有「人工智慧真聰明！」「這真是個世紀大發明，將來一定可以徹底改變社會！」之類的想法。就這樣，人工智慧在社會上吹起了一股風潮，各界都願意投入更多預算，讓人工智慧更進化，相關研究也因而有了長足的發展。

【小知識】

第48頁中所介紹的「河內塔」，是要從最左側的柱子上，把所有圓盤移動到最右側柱子上的一種拼圖。圓盤的數量越多，遊戲難度越高。不過即使圓盤數量再多，人工智慧都能破解。

▼伊萊莎

一九六六年問世的伊萊莎（ELIZA），是早期聊天機器人當中最具代表性的一款。它雖不具有理解語言的能力，但靠著一套「巧妙回話的規則」，讓它能與人對話。

初期人工智慧研究的應用成果

符號主義的成果

- 舉凡數學題、拼圖、西洋棋和迷宮等，這些連大人都覺得困難的問題，人工智慧都能解答。
- 能與人類對話的聊天機器人問世。

甚至能在人類沒察覺到說話者是人工智慧的情況下，成功地與人類對話！

昨天那場雨下得還真大。
以線上聊天的方式對話
好險我有帶傘。

聯結主義的成果

- 發明出可自主學習的感知器。

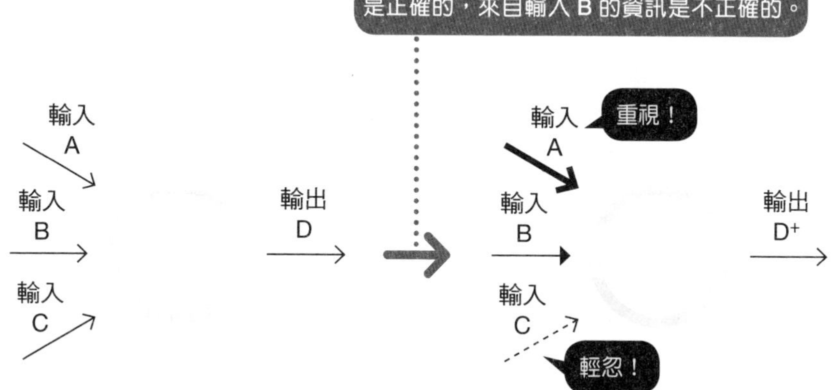
經學習的結果，發現來自輸入 A 的資訊是正確的，來自輸入 B 的資訊是不正確的。
輸入 A
輸入 B
輸入 C
輸出 D
輸入 A
重視！
輸入 B
輸入 C
輕忽！
輸出 D+

「從多個輸入層接收資訊後再輸出」的機制，與人工神經元相同。

下次接收資訊時，開始重視輸入 A、輕忽輸入 C 的資訊。這樣的做法稱為「加權」。

喬巴，你還會做些什麼呀～
ドーン
咚

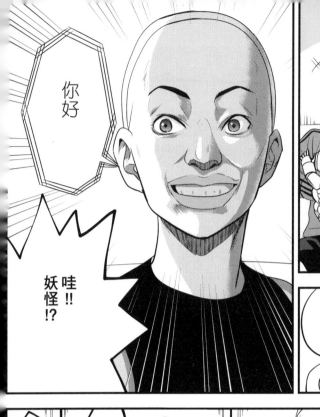

嗯？

你好

哇!!
妖怪!?

真沒禮貌！我才不是妖怪！
這……
這傢伙是怎麼回事？

它是可透過對話來表情達意的人工智慧機器人啦。
你媽沒化妝的樣子才像妖怪吧？
噗
哈哈哈！它真的是人工智慧嗎？

怎麼樣？這個人工智慧很聰明吧？
嗯！它能和我這個人類對話，所以我覺得它很聰明呀。
這也是一個判斷的方法。
嗯？

這種判斷方法稱為「圖靈測試」，
如果人類在和機器對話過後，認為和自己對話的是「人類」，即可判定這個機器是「有智慧」的。
近來好嗎？
馬馬虎虎。

這種判斷方法的好處是很簡單明瞭，但也飽受抨擊。
是喔？

你們聽過「中文房間」嗎？
フル 搖
フル 搖

裕太，你會說中文嗎？
我不會啦～

那我說「xiè xiè」之後，你能回答「bú kèqì」嗎？
嗯……

xiè xiè！

……bú kèqì。

好厲害喔！原來裕太會說中文啊！
パチ
パチ
パチ
啪啪啪啪
？
呃……京子小姊……？

看在毫不知情的中國人眼裡，應該就會這樣想吧？
！

也就是說，這種只是按照內建規則進行的對話，稱不上是真的有智慧？
沒錯！
順帶一提，「xiè xiè」是「謝謝」，「bú kèqì」則是「不客氣」的意思。

再來……
裕太，nǐ zǎo！
什麼？我聽不懂啦！
只要規則裡沒寫的就不會……
符號主義的人工智慧，缺點就是只能在內建規則的範圍內運作。
順便告訴你，「nǐ zǎo」是「你早」的意思。
有一種被耍著玩的感覺……
既然這樣……多給它一些規則不就行了？
哼！
好的，裕太，
那你可以從這裡面找答案！
咚！
哇～!?

再來……
yàochá
啊？
什麼？
呃……

……我還是不行啦！
是啊，要是連無關緊要的部分都讀下去，天都要黑啦。
啪
パン

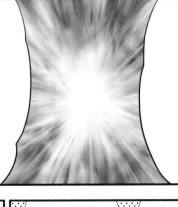

如同剛才的情況，在人工智慧上也發生了。

有些事情的排列組合有無限多種可能，人工智慧無法評估完每一種可能……

這就是所謂的「組合爆炸」。

嗯……人工智慧可以完美地照規則辦事，但不在規則上的，就一竅不通。
但增加規則內容，它又會應付不來……
這就是符號主義碰上的一堵高牆啊？

那用聯結主義呢？
那要教裕太說中文，

得先請個20位中文老師，

還要採購約100台的最新型電腦。你能辦到嗎？

為……為什麼？

在聯結主義的人工智慧當中，提供經驗（資訊）是很重要的一環。

所以要網羅優秀的老師，提供大量的資訊呀！

況且以當年的技術而言，要管理這些資訊，得動用好幾台大型電腦。

因為這個難題，導致聯結主義的研究遲遲不見成果。

兩條路都行不通嘛！

在這樣的失望氣氛蔓延下，第二次人工智慧熱潮逐漸退燒。

ハァー

唉……

原來人工智慧還只是個半吊子啊。
是啊……
態度還真是兩極……

1-3

1分鐘搞懂

人工智慧最早面臨的極限是什麼？

如何判定有無智慧？

雖有各種成果……

卻出現了「這樣真的可以稱得上是有智慧嗎？」的質疑。

需要一套判定有無智慧的方法！

詳細內容請參閱 P.62 ！

圖靈測試

讓人類與人工智慧對話，
若人類認為對方說話者是人，
就判定「該人工智慧具有智慧」。

詳細內容請參閱 P.63 ！

以「中文房間」論證來批判！

若只是做符碼式的互動，
不必理解語言也能做到。
這樣稱不上是有智慧！

詳細內容請參閱 P.63 ！

所謂的「聽懂人類語言」究竟是怎麼一回事？

＝

「符號接地問題」浮上檯面

人工智慧碰上的一堵高牆？

若拿人工智慧與人類來比較……

詳細內容請參閱 P.66！

莫拉維克悖論

發現「人類認為簡單的事，對人工智慧來說其實很困難」

人類不擅長，但人工智慧很擅長的問題

能否快速且正確地解決講求邏輯的拼圖或複雜的計算（邏輯性的問題）。

人工智慧不擅長，但人類很擅長的問題

辨識人臉、分辨聲音（感受性的問題）。

人工智慧似乎還是有做不到的事

即使無法打造出各方面都與人類旗鼓相當的泛用型 AI，至少可做出工作表現與人類匹敵的專用型 AI？

然而，竟碰上了一堵高牆。

框架問題

人工智慧只能在指定的框架範圍內執行任務，人類所劃定的框架範圍是有限的。

組合爆炸

框架範圍可藉由擴大框架或排列組合來拓展，但可能的解答會呈現爆炸性的增加，讓人工智慧處理不完。

如何分辨有無智慧？

人工智慧在西洋棋局對弈中戰勝人類，又破解了複雜的拼圖……隨著研究成果越來越多，社會上開始出現一種聲音，質疑「這樣真的可以說是有智慧嗎？」

此時，**圖靈測試**（Turing test）橫空出世，試圖澄清這樣的質疑。這個測試，**是請人類與人工智慧進行對話，若人類認為對方說話者是「人類」，即判定這套人工智慧「有智慧」**。它的優點在於能以人類的直覺進行判定，但在測驗過程中，為了騙倒真正的人類，人工智慧還需要有點糊塗，刻意出些差錯。從這一點看來，圖靈測試很難稱得上是一套毫無瑕疵的測試。

再者，此時的人工智慧還有另一個更致命的問題，那就是符號主義的人工智慧，只

何謂圖靈測試？

由一位人類擔任測試者，透過線上聊天功能，同時與多個受測對象聊天。這些聊天對象包括了人工智慧與人類，測試者必須從中找出誰是人工智慧。

人類測試者

透過線上聊天功能，分別與每個受測對象對話。

A人工智慧

B人類

C人類

D人類

只要測試者說人工智慧的那個選項是「人類」，該人工智慧即可判定為「有智慧」！

能在預先設定的對話劇本下回話，例如「聽到A就答B」。這種對話，終究不是真正理解對方談話者所說的話，進而自行思考出來的回答。有人提出了一套名叫「**中文房間**」（Chinese room）的思想實驗，用來抨擊人工智慧的這個缺陷——**只會照本宣科地說出某種外語，並不代表真正理解外語**。

於是，人們開始討論所謂的「理解語言」究竟是怎麼一回事。舉例來說，當我們提到「水」這個字的時候，你我可從對話的情境或上下文脈絡，毫不費力地判斷出它指的究竟是自來水、礦泉水，或是河、海裡的水。相對的，聊天機器人針對「水」這個字，只能循內建的規則來回答，無法進行更靈活的對談。**而這種能否將字詞與現實情況連結的問題，稱為「符號接地問題」**（symbol grounding problem）。

沒想到當年光是要將「對語言的理解」視為「有無智慧」的標準，竟然就已經面臨到了這麼多的問題。

「中文房間」所做的抨擊

中文房間　在房間裡放一本中文的規則手冊，再把一個完全不懂中文的人關進房裡，要他透過傳紙條的方式，與屋外的中國人對話。

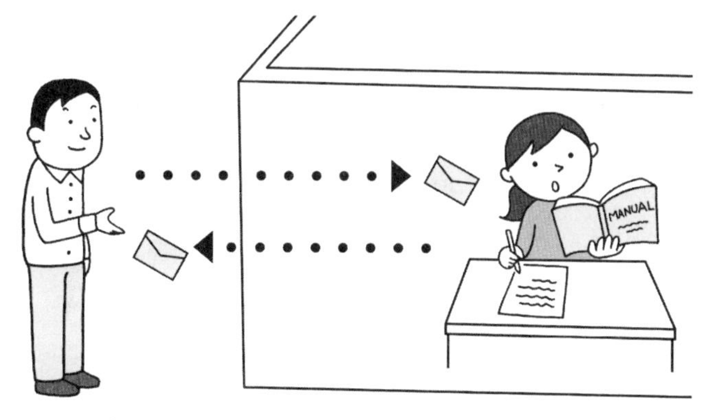

房裡的人只要依照規則手冊記載，操作「紙條上若寫著●●●，就回答▲▲▲」即可，就算看不懂中文也無妨。

在屋外的人會誤以為「房間裡的人懂中文」。

聊天機器人的原理也是這樣，因此飽受各界抨擊，說「這樣根本稱不上有智慧！」

虛有其表的「弱AI」，與人類旗鼓相當的「強AI」

儘管人工智慧不見得有像人類一樣的智慧，但看起來的確像是具備了某種程度的智慧。然而，人類想開發的，是要具備人類這種智力的人工智慧。因此，一般就把**「表面上看起來像是有智慧」的人工智慧，稱為「弱AI」（Weak AI）；而智力和意識可與人類旗鼓相當者，則稱為「強AI」（Strong AI）**。

然而，要打造出智力水準與人類相仿的強AI，畢竟還是太過理想。因此另有一派想法認為：人工智慧不必與人類智力完全相同，只要有足夠的智慧，讓它們的工作表現可與人類匹敵即可。因此，人們把那些會下西洋棋、拼圖的AI，**也就是能在特定領域發揮優勢的人工智慧，稱為「專用型AI」；而像人類一樣什麼都會的，則稱為「泛用型AI」**。人類的理想固然是想打造出泛用型AI，但只要用對場合、時機，其實專用型AI就已綽綽有餘。

不過，用某些製作方式打造的人工智慧，可能會把泛用型AI變成弱AI。換言之，即使外觀與人類如出一轍，誰都可能會誤以為是人類的人型機器人問世，只要它們的思考邏輯仍是極為機械式的，缺乏人性或意志，就會被歸類為弱AI。

無論如何，過去和現在都還沒有任何一套人工智慧可以完整重現人類的智力。隨著人工智慧與人類智力之間的差異越來越明確，人類也針對人工智慧與人類之間的差異，展開更具體的討論。

▼**自主意志**

「自主意志」究竟需要具備哪些條件，各界有很多不同的討論，其中一個論點就是「認知到自己的存在」。有關這個論點，以哲學家笛卡兒的「我思故我在」等命題最為有名。

強 AI 與弱 AI，泛用型 AI 與專用型 AI

為劃分出不同種類的人工智慧，專家們創造出「強 AI 與弱 AI」、「泛用型 AI 與專用型 AI」的概念。這幾種 AI 乍看非常相似，卻各自有著些許不同的特徵。

專用型 AI

僅在特定領域能與人類並駕齊驅，甚至表現更為卓越的人工智慧。

例 阿爾法圍棋（AlphaGo）、華生（Watson）、Bonanza 等。

泛用型 AI

在所有領域都能與人類並駕齊驅，甚至表現更為卓越的人工智慧。

例 尚不存在。

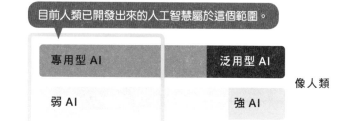

目前人類已開發出來的人工智慧屬於這個範圍。

像機器

專用型 AI

泛用型 AI

像人類

弱 AI

強 AI

弱 AI

只有舉止動作像人類的人工智慧。

例 所有歸類在專用型 AI 的人工智慧，都屬此類。還有集結多種專用型 AI 而成的泛用型 AI。

強 AI

精緻地重現人類的智慧，甚至還有自主意志的人工智慧。

例 尚不存在。

發現弱點與極限後，第一次AI熱潮就此退燒

人類與人工智慧最顯著的差異之一，應該是兩者的運算能力。人工智慧是以電腦打造出來的，故相當擅長運算。對於邏輯性的課題，最能發揮它們出類拔萃的長才；相對地，它們對於辨識人臉、分辨聲音、翻譯語言等感受性的問題，則表現得奇差無比。至於人類則可透過掌握特徵來辨識長相，即使面對第一次見面的人，我們也會設法記住對方「臉長長的，眼睛大大的……」等外觀上的特徵。從這個現象當中，我們可以發現一項事實：「**人類認為簡單的事，對人工智慧來說其實很困難**」。而這就是所謂的**莫拉維克悖論**（Moravec's paradox）。

此外，理論派的人工智慧還有一個缺點，那就是它一切都只用理論來思考，缺乏

莫拉維克悖論

人類擅長與不擅長的項目，恰與人工智慧相反──這一套論述由漢斯．莫拉維克（Hans Moravec）所提出，故命名為莫拉維克悖論。

彈性。當規則裡有「若A則B」這個項目時，它們可以非常妥善地處理「若A出現」的問題，卻無法解決「若C出現」的情形。**「若○○」所指涉的這個範疇，我們稱之為「框架」**。人們發現理論派的人工智慧只能在框架中思考，而這個問題，我們稱之為**「框架問題」**。

或許有人會認為，只要把框架擴大到「若出現從A到Z的任一項」即可。但這個方法，會讓人工智慧耗費過多時間在運算各種可能上，因此並非明智之舉。況且現實世界中並非凡事都能像「A到Z」一樣，把每種可能都劃分都清清楚楚，所以是行不通的。

感覺派（聯結主義）的人工智慧還不夠聰明，而搶先繳出成績的理論派（符號主義），則碰上了框架問題。這些瓶頸，讓人類開始切身地感受到人工智慧的極限。

框架問題與組合爆炸

符號主義的人工智慧

只能在框架劃定的範圍內，從事「若A則B」、「若C則D」之類的工作。

如何改善性能？

1 擴大框架

運算「A到Z」的所有可能，需要花很多時間，況且人類根本無法提供所有可能。

▶（框架問題）

2 讓框架排列組合

讓框架排列組合，例如「若A+B則Z+Y」，以提升人工智慧的應用能力。然而，這種方式會讓可能的選項爆炸性增加，人工智慧消化不了如此龐雜的各種組合。

▶（組合爆炸）

column 2

從電玩遊戲的AI開發，看日本與歐美之間的差異

來到二〇一七年，人工智慧的技術開發，目前仍由以美國為首的歐美陣營領先全球，中國緊追在後。日本也對人工智慧的開發著力甚深，但感覺上似乎已被美國拉開了好一段距離。

在遊戲AI領域也有同樣的情形。早期，日本的電玩遊戲以頂尖水準獨步全球，全世界都在享受各種日本製電玩遊戲所帶來的樂趣。然而，如今卻是歐美的遊戲較受歡迎。其中的原因之一，就在於電玩遊戲的AI。

當年電視遊樂器剛問世的時候，電腦的性能還相當有限，所謂的遊戲AI，其實只是很簡單的東西。在這樣的環境下，日本的遊戲開發者製作遊戲AI的技術非常高明，因而催生出了「小精靈」、「鐵板陣」等內容簡單，但「看起來很聰明」的遊戲AI。另一方面，歐美的遊戲開發者則是從一開始就打算做出「真正聰明的AI」，但技術還不夠成熟，因此遲遲無法推出優質佳作。

然而，隨著電腦性能的提升，情勢為之一變。當高階人工智慧發展到可實際安裝在遊戲AI上的水準，歐美的遊戲AI開發便得以開花結果。舉凡「HALO」、「KILLZONE」等，這些前所未有且「真正聰明」的AI，都在此時陸續問世。而這兩種遊戲AI之間的差異，在能更如實呈現真實世界的3D遊戲當中，尤其顯著。搭載在射擊遊戲或戰略遊戲上的這些AI，在這些場景真實的遊戲世界裡巧妙地與玩家對戰，讓玩家可在電玩遊戲中，體驗到極為逼真的樂趣。

電玩遊戲要新鮮、有趣，才會受到玩家的擁戴。從結果上來看，歐美的電玩遊戲如今能如此風靡全球，是很理所當然的。過去，日本在電玩業界走了一條與眾不同的道路，呈現出遊戲的多樣性，但直到最近開始導入現代化的遊戲AI之後，才逐漸找回昔日榮景。然而，人工智慧開發的進展一日千里，日本的遊戲開發者必須跟上這股潮流，急起直追，才有機會超越歐美。

第 2 章
人工智慧如何成長？

早期，人工智慧的
研究成果的確不如人意。
不過學者專家們並沒有因此而氣餒，
仍不斷地思考「如何培養人工智慧」。
因為有這些努力，現在的人工智慧不僅能取得
「知識」，還能透過機器學習，
獲得持續成長的力量。

原來你還只是個半吊子啊……
該怎麼跟部長解釋才好呢？
是嗎？我覺得它懂很多事，很聰明啊！

裕太，你說到重點了。
來吧，喝點果汁。

知識量的多寡，的確是衡量聰明與否的重要標準，這一點已經廣受認同。
意思就是說要看人工智慧究竟具備多少知識囉？
嗯，而且光是知道很多資訊還不夠。

舉例來說，裕太，聽到「植物」，你會想到什麼？
啊？呃……

種類很多、綠色……啊，還有一些是會開花的！

那要怎麼讓植物開花呢？

澆水！

照光，讓它們行光合作用。

？

很好，這就是資訊和知識的不同。

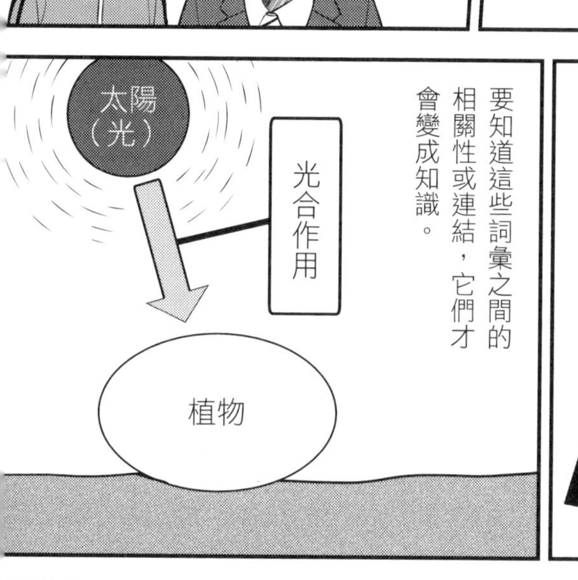

誠司是成年人，因此這些知識總是懂得比裕太多一些。
因為人生經驗比較豐富呀！
少囉嗦……

其實人工智慧也是個小孩，而且還是個小嬰兒。
雖然很聰明，但對世上的事情一無所知。

ギ
那當然勝任不了和大人一樣的工作囉！
ぐり
ぐりッ
抓抓

於是專家們便想到運用「知識表徵」的技術，
把大人會的所有知識都教它。

知識表徵？
ガリリ
ガリッ
沙沙

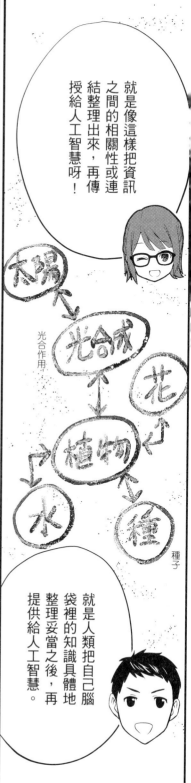

就是像這樣把資訊之間的相關性或連結整理出來，再傳授給人工智慧呀！

太陽
光合成
光合作用
花
植物
水
種
種子

就是人類把自己腦袋裡的知識具體地整理妥當之後，再提供給人工智慧。

這樣一來，人工智慧理論上就可以具備和人類相同水準的知識了。
理論上？

就算我們想把大人會的知識都傳授給人工智慧，但電腦能記憶的容量畢竟還是有限。
況且要處理這些知識，電腦必須具備很卓越的運算能力。
知識

妳的意思是說電腦的性能不夠好？
當年的確是這樣。但因為這些年來，電腦的性能不斷提升……

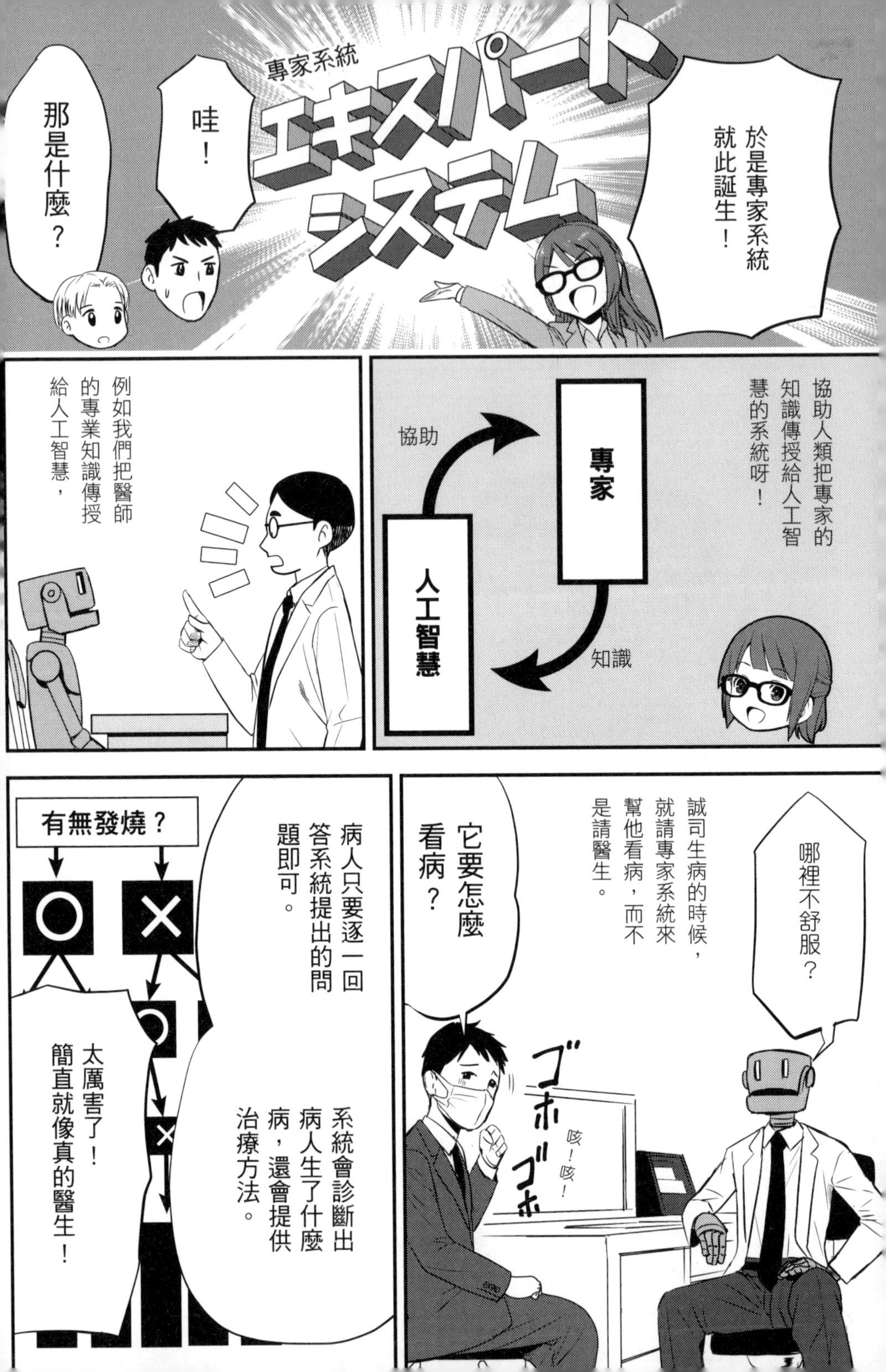

於是專家系統就此誕生！

專家系統

エキスパートシステム

哇！

那是什麼？

哪裡不舒服？

誠司生病的時候，就請專家系統來幫他看病，而不是請醫生。

它要怎麼看病？

ゴホゴホ

咳！咳！

病人只要逐一回答系統提出的問題即可。

有無發燒？

系統會診斷出病人生了什麼病，還會提供治療方法。

太厲害了！簡直就像真的醫生！

當時的人也是這樣想，大家都興高采烈，
還說人工智慧終於要進入社會了……
咦？發展得不順利嗎？
專家系統的知識漏洞百出。
因為傳授知識的工作，需要仰賴專家親自手動執行……
這樣未免太花時間了吧！

而且由人類手動操作，難免都會出紕漏，
所以後來就沒人使用這套系統了。
還真的是一套麻煩的系統啊。

哇！我聽得太入神，把果汁灑到身上了！
只要是人，難免都會出紕漏呀……

2-1

1分鐘搞懂

讓人工智慧在社會上大顯身手的必要條件？

試著讓人工智慧了解社會

第一次人工智慧熱潮退燒的原因

❶ 當初設定的理想太高。
❷ 社會上對人工智慧缺乏了解。
❸ 控制人工智慧的電腦性能太差。

人工智慧就是個聰明絕頂的嬰兒。

簡而言之

↓

即使再怎麼聰明，嬰兒都不可能具備像成人一樣豐富的知識。因此它們就算進入社會，也派不上用場，不具實用價值。

↓

該如何讓人工智慧了解這個社會？

↓

＼詳細內容請參閱 P.78 ！／

將知識傳授給人工智慧

『植物長大之後會開花』
↓
『植物是一種會行光合作用的生物』
↓
『光合作用是利用光來製造能量的一種作用』

教人工智慧了解這些資訊的相關性和連結

↓

這就是「知識表徵」。

人工智慧如何「進入社會」？

電腦的性能提升

記憶容量和運算速度都有突破性的提升，可儲存的資訊量更多，且能更快速地處理這些資訊。

詳細內容請參閱 P.82 ！

專家系統的誕生

將專家的知識傳授給人工智慧，讓它能代替專業人士，協助人類。

讓越來越多人工智慧進入社會，在「醫療」、「金融」等領域活躍！

可是……

專家系統裡的專業知識漏洞百出！

問題出在輸入資料很費工！

- 由專業人士親自逐項輸入，曠日費時，內容也有疏漏。
- 知識隨時都在增加，專家無法一直不斷地指導人工智慧。

傳授人工智慧學會資訊之間的連結＝「知識」

大人與孩子之間最大的差異，就在於「知識」。成人可以獨力生活，是因為我們的腦中充滿了生活和工作上需要的知識，這一點和孩子很不同。人類透過日常生活學習各種不同的事，再從中吸收這些知識。若我們能把同樣的知識提供給人工智慧，說不定它們也能變得和人類一樣聰明。

若學習者是人，就可透過觀察、碰觸，或親身體驗，學會許多知識——**這就是所謂的學習。學習最主要的工具之一，就是教科書**。教科書上的內容都經過整理，把想教授給學生的知識，分門別類地寫成讓孩子都能理解的文字。

要將資訊轉換成有益的知識，重點在於學習資訊與資訊之間有何關聯或連結，例如：「植物長大之後會開花」、「植物是一種會行光合作用的生物」、「光合作用是利用光來製造能量的一種作用」等等。這些資訊並不只有「A＝B」的關係，許多不同的資訊串聯起來，就能成為更有用、派得上用場的資訊。

這個概念也可以套用在對人工智慧的知識傳授上。**人類要把不同資訊之間的關聯告訴人工智慧，串聯起多項資訊並加以整理後，打造成一項知識**。這就是所謂的「**知識表徵**」。

像這樣把知識——也就是資訊與資訊之間的關聯或連結告訴人工智慧，它才能學會如何處理知識。

【小知識】

透過附加資訊（例：標記等）來呈現資訊相關性的資料，就稱為「結構性資料」；而沒有這些附加資訊者，就稱為「非結構性資料」。人類提供知識給人工智慧時，結構性資料是比較方便處理的選擇。

何謂知識表徵？

如下圖所示，只要整理出資訊之間的關聯或連結，再告訴人工智慧，就能把「知識」傳授給人工智慧。

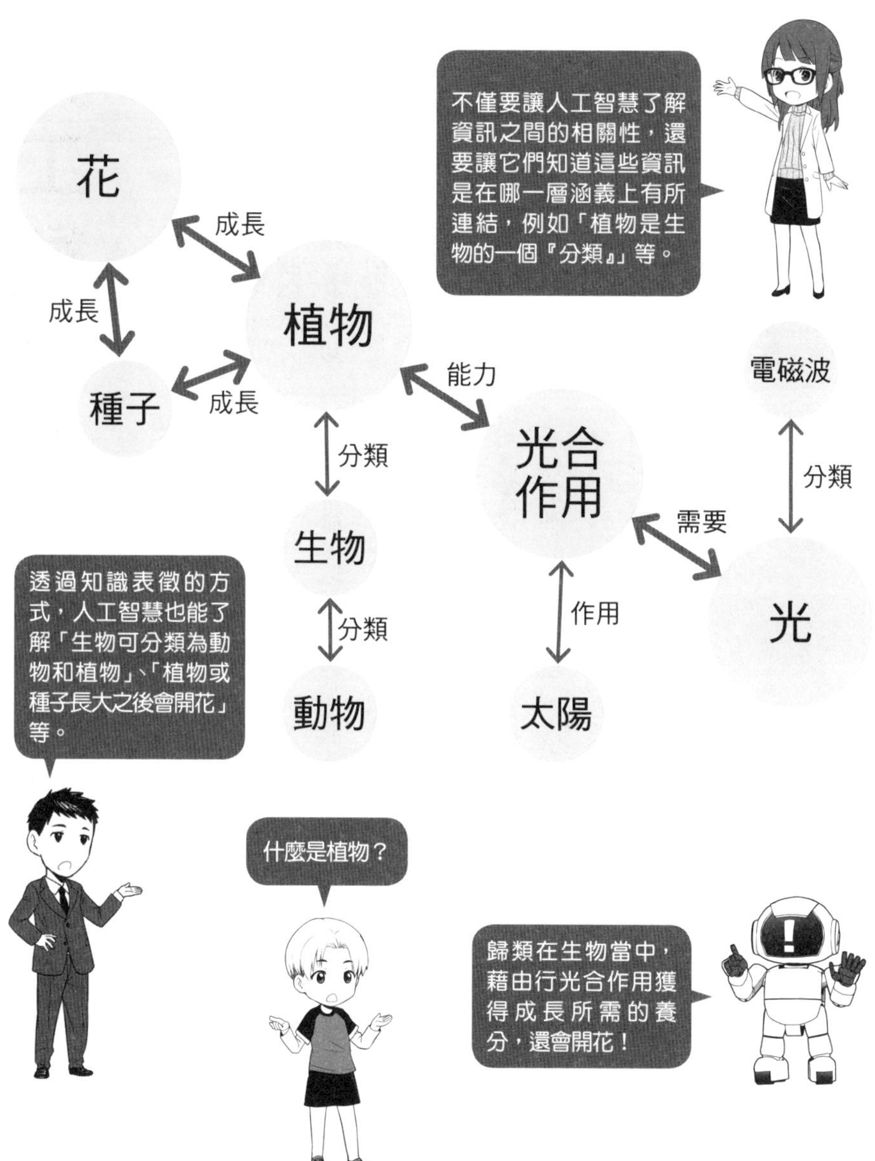

人工智慧如何累積知識？

如今，人工智慧已能透過知識表徵的方式，了解世上的各項資訊之間有何關聯。

而下一道問題是「究竟能教它多少知識」。舉例來說，如果人工智慧不知道花是從種子開始成長，不知道過程中需要水和陽光的話，即使它知道花是一種植物，仍舊無法勝任「養花」的工作。換言之，若想讓人工智慧養花育苗，就得提供給它必要的知識。

人類的大腦可儲存知識，以便隨時視情況動腦思考，組合幾項必要的知識來運用。而這一連串的動作，在人工智慧的世界裡是用電腦來處理。因此，**若電腦記憶容量少，知識量就會一直處於貧乏狀態；若電腦運算速度慢，就無法發揮足夠的思考能力**。事實上，過去人工智慧沒能繳出亮眼的成績單，關鍵因素就在於電腦的記憶容量和運算能力不足。人類雖然知道知識表徵對人工智慧的學習有益，但人工智慧卻無法儲存必要的知識量，也沒有能力處理這些知識。

後來，電腦科技的發展一日千里，推倒了這堵阻礙人工智慧進步的高牆，**記憶容量和運算速度得以年年翻倍成長**。人們認為：既然電腦的知識量增加，思考能力也提升了，或許就能以更快的速度，處理更大量的知識。於是人工智慧的研究，便因此而邁入了新的階段。

▼**摩爾定律（Moore's Law）**
意指電腦的處理能力約每兩年就會有成倍的進步。以往，電腦的發展進程確實都如摩爾定律所述，但由於目前已逼近物理上的極限，因此一般推測今後的成長速度將會趨緩。

電腦性能的提升

電腦就相當於人類的大腦，它的記憶容量和運算能力，就相當於人類的記憶力和思考能力。電腦性能的提升，促使人工智慧出現了突破性的成長。

記憶容量的提升

1950 年時，電腦的硬碟（HDD）容量還只有 5MB 左右，到了 1970 年時，已增加到了約 70MB。

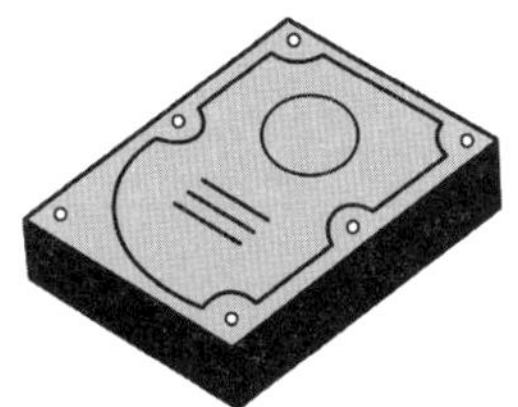

可提供給電腦的知識量有了突破性的成長。

運算速度的提升

電腦內部負責運算處理的 CPU 越來越輕薄短小，性能卻在 1950 年代至 1980 年代之間成長了好幾百倍。

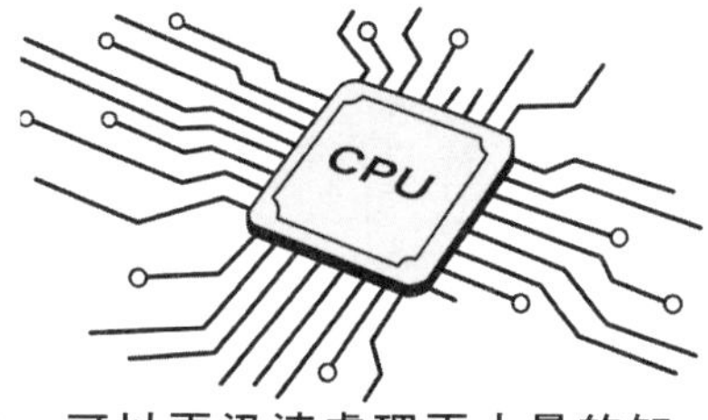

可以更迅速處理更大量的知識！

AI 題外話

電腦的進化，拉近了人工智慧與一般社會之間的距離

因為電腦性能提升而引發的效應，其實不只是讓人工智慧變得更聰明而已。以往比人還高的電腦主機，變成可以雙手懷抱的大小；過去比汽車還貴的電腦，價位降到和家電產品差不多。就這樣，越來越多人開始有機會輕鬆隨興地使用電腦。

如今，許多人都有自己專用的電腦，還會使用智慧型手機或平板電腦。電腦變得如此平易近人，連帶讓人工智慧也變得親切和藹。舉例來說，智慧型手機裡其實也搭載了人工智慧的技術，卻可以讓你我用得自然流暢，完全沒有察覺到這一點。電腦的普及，稍微拉近了人工智慧與一般社會之間的距離。這對人工智慧的發展而言，不啻是一大良機。

為人工智慧灌輸專家等級的知識

由於電腦的記憶容量和運算速度提升，促成了「專家系統」的問世。所謂的專家系統，就是人類嘗試為人工智慧灌輸各項專業知識，讓它能代替人類的專家，進行輔助人類的工作。

舉例來說，假設我們為專家系統灌輸了醫師的專業知識。這麼一來，身體不適的患者，只要逐一回答專家系統所提出的問題，並將答案輸入系統，專家系統就能代替醫師提供診斷，告知病名。**這樣的操作模式，在其他的專業領域也都適用，因此我們可以說：能在真實世界派上用場的人工智慧已然誕生。**

然而，實際使用過後，問題就來了——**專家系統的知識漏洞百出。**專家系統裡的知識，是由人類逐項輸入，但要把所有的專業知識都傳授給專家系統，需要花費相當長的時間，而且人工輸入難免會出錯。最重要的是，知識隨時都在增加，但人類不可能隨侍在側，不斷地為專家系統灌輸新知識。

人類也開始察覺：與其用這種漏洞百出的人工智慧，不如人類親自出馬，輔以電腦裡安裝的「普通程式」，效率絕對會更好。

「人工智慧只要能具備知識，一定能造福社會」的這個著眼點，其實並沒有錯，只是要讓人工智慧懂得如何正確運用知識，門檻似乎遠比想像中來得更高。

▼**專家系統**
「透過回答人類的提問來達到目的」的這個概念，其實一直傳承到了現代，對華生等現代化人工智慧的問世，貢獻良多。

專家系統的特色與問題點

由於電腦的記憶容量和運算能力出現突破性的成長，讓人工智慧成功獲得了水準等同於專業人士的知識。然而，這套系統還是有它的問題。

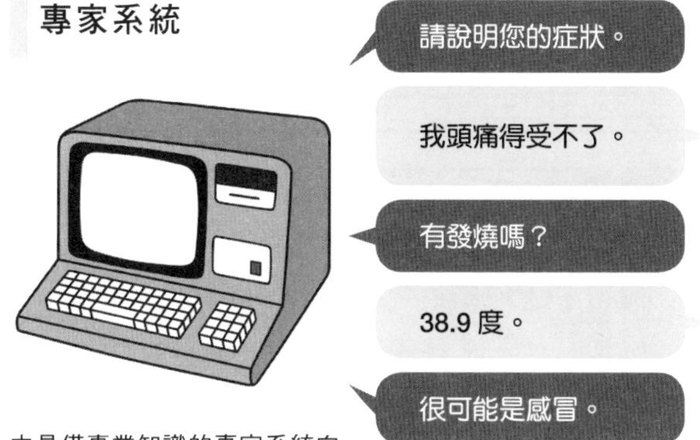

專家系統
請說明您的症狀。
我頭痛得受不了。
有發燒嗎？
38.9 度。
很可能是感冒。

由具備專業知識的專家系統向使用者提問，再從答案中推導出結論。

只要回答專家系統所提出的問題，就能得到專業水準的解決方案。

人工智慧可代替人類，
解決使用者的疑難雜症！

問題點 1

專家系統裡的專業知識漏洞百出

專業知識須由專家手動輸入，因此很難把日新月異的所有專業知識都傳授給人工智慧。

問題點 2

用普通的電腦程式比較得心應手

一般的電腦程式雖不如人工智慧聰明，但人類自行操作電腦、處理工作，會比人工智慧做得更快、更正確。

喬巴，
該怎麼去除沾到衣服上的果汁汙漬？

パッ
啪
用水和中性洗潔劑沾濕髒汙處，盡快搓揉清洗即可。

這傢伙真的很聰明欸！
雖然當年的專家系統不夠完善，但人工智慧又透過了其他不同的方法，持續進化至今喔！

不同的方法？
是呀！例如說……
現在哪會有中性洗潔劑啊…

如果要你把所有在社會上生存必需的知識都傳授給裕太，你會怎麼做？

哇～不可能的啦！我會叫他自己用功讀書！

而在人工智慧的世界裡，也出現了一種名叫「機器學習」的方法，可以讓它們自行學習、成長。
太厲害了!!要是人工智慧能自己學習新知，那我們就輕鬆啦!!
可是，事情並沒有這麼簡單。
要是給幾本教科書，孩子們就會自然而然地成長，那就不必有學校了。
裕太！你不是來我家寫功課的嗎？
原來如此，看來事情沒那麼簡單……
怎樣！
對吧？所以機器學習也分為幾種不同的類型，包括監督式和非監督式等。
人工智慧還是需要有人監督吧？
這裡所謂的監督，和人類的老師所做的工作不同，它只是把答案的正確與否告訴機器，就像解答手冊一樣。
只要有解答，應該就會知道自己哪裡搞錯了吧？
ピンポーン
叮咚！

「非監督式」要怎麼學習？

那我問你，連「答對了」都聽不懂的嬰兒，是怎麼學習語言的？

我回來囉～

爸爸，你回來啦～

呃……不知不覺就學會了？

他們是憑經驗，靠著「好像是這樣吧？」的感覺來學。
哇！
爸～爸

聽妳這麼一說，我發現工作上也不會有人說「這就是標準答案」。
這點小事你本來就應該知道，難道還等我說嗎！
咚

人工智慧懂得在不斷累積經驗的同時，學會箇中巧妙，進而做出成果。

經驗

原來人工智慧會學習自己操作順利時的情況，藉此追求成長啊……

喀

嘎啦

嘎啦

嗯，這就叫做「增強式學習」。

叩

不過人工智慧只能記一、兩件事。
什麼意思？
人類只憑一種智慧，就能談天說地、活動身體、思考問題，對吧？
您好，感謝您的來電。
啊，是的，這件事會在下週三……
「只要說話」、「只要動手」之類的事，人工智慧都能學，但問題是每次就只能學一件事。
您的需求我明白了。
那不就派不上用場了嗎？
它會幫忙了解需求（但無法記憶）。
ガチャ
喀喳
但無法記住需求。
哎呀？剛才是什麼事？
B
A
所以要同時結合好幾套人工智慧來運用呀！

舉例來說……

會思考將棋戰術的人工智慧

可精準操控機械手臂的人工智慧

將棋 AI 機器人

兩套人工智慧通力合作，完成「下將棋」這一項任務。

喔～

既然如此，只要讓各種人工智慧拚命學習，不斷成長……
再把這些超級厲害的人工智慧組合起來，就能打造出無所不能的人工智慧了吧！
ガ
啪
不過……事情發展得並不順利。
啊？

因為人類無法讓它們拚命學習到超級厲害的地步。
老師，這個部分已經教過了。
學習所需要的教材、經驗和數據資料都很匱乏。
結果這下子又變成教材不夠了啊……

在80～90年代，自動駕駛的汽車、翻譯AI等接連問世……

ブオオオオオ〜〜
哇～

喔！

但這些事情，到頭來終究還是由人類來做比較好……
キキイ〜
嘰～
結果……社會上將它們棄如敝屣，不屑一顧。
人工智慧認為這是障礙物，便自動停車。
噢……

你到底什麼時候才會變成超級厲害的人工智慧啊？
我不是說了嗎？喬巴已經是個很厲害的人工智慧了啦……
ギュウウ
緊緊擁抱

2-2

1分鐘搞懂

能讓人工智慧成長的「機器學習」是什麼？

如何提升人工智慧的學習效率？

要人類把所有知識都傳授給人工智慧，
幾乎是不可能的事！

那該怎麼做？

設法讓人工智慧自主學習，自己獲取新知

\ 詳細內容請參閱 P.92 ～ 95 ！/

「機器學習」問世
以既往的經驗或統計數據為基礎，
讓人工智慧自行學習新知的一種手法。

監督式學習
將題目與解答同時提供給人工智慧，由人工智慧自行比對解答，藉此學習新知。

Q&A

非監督式學習
僅提供題目，讓人工智慧在不知道答案的狀態下累積經驗，學習新知。

Qonly

增強式學習
僅提供解題的方向性，若順利解題就給予報酬，增強正確行為。

報酬增加

如何讓人工智慧執行各式各樣的任務？

人類的大腦

思考問題、談天說地、活動身體等，所有行為舉止都由同一個大腦掌管（泛用性極佳）。

人工智慧

只能運算、說特定語言或做特定動作，能執行的任務有限（專用型 AI、弱 AI）。

詳細內容請參閱 P.96 ！

那該怎麼辦？

結合多種人工智慧

例

- 「會思考將棋戰術的 AI」＋「可精準操控機械手臂的 AI」
  ＝將棋 AI 機器人
- 「學會日文的 AI」＋「學會英文的 AI」＋「可轉換兩種語言的 AI」
  ＝ 日英口譯 AI

各界都很期待它們的實用化，但……

人類在各方面的表現較佳，
人工智慧尚未達到可於現實社會派上用場的水準。

第二次人工智慧熱潮逐漸退燒

人工智慧的學習方式是「監督式」還是「非監督式」？

學習新知時，應該有很多人會找名師指導，或運用相關教材，借重專家的知識結晶來學習。為什麼多數人會選擇這麼做呢？因為專家畢竟都是熟悉該專業領域的人士，由這些專家來告訴我們哪些正確、哪些不正確，學習效率較佳。

同樣地，人工智慧在學習時，也有這樣的學習方式，就是找知道題目與答案的老師來教。這就是所謂的「監督式學習」。**在機器學習的領域當中，所謂的「老師」只會告訴人工智慧「正確與否」，至於問題的解決方案，還是要由人工智慧自行從嘗試錯誤中學習。**

另外還有一種**「非監督式學習」**的方法，就是由人工智慧自力學習新知，沒有任何人教授。例如兒童在學習語言時，會在接觸該種語言的過程中，莫名地了解每個字詞的差異，掌握字詞所代表的涵義。機器學習也能做到這一點，也就是**找出資訊與資訊之間的相關性，並在過程中懵懵懂懂地學到這些資訊所代表的涵義。**

儘管非監督式學習的技術門檻偏高，但若發展順利，人工智慧不僅可以在無師自通的環境下學習新知，甚至還可以破解那些連人類都還沒有答案的問題。

這種學習能力，以往的確是聯結主義等「感覺派」的強項，但因符號主義式的「理論派」人工智慧積極運用統計和機率，所以現在也已經可以適用。如今起步雖嫌稍晚，但獲得學習能力的人工智慧，將持續追求進步。

監督式學習與非監督式學習

人工智慧有很多種不同的學習方式，其中最具代表性的，就是監督式學習與非監督式學習，兩者各有不同的特色。

監督式學習

先出示題目，再判定人工智慧的答案正確與否。

人工智慧負責答題。

得到「答對」或「答錯」的判定。

參考答對時的解題方式，加強理解。

非監督式學習

只給題目，人工智慧須自行設法取得有價值的「資訊」或「知識」。

人工智慧負責答題。

找出資訊與資訊之間的相關性。

利用相關性來為資訊做簡單的分類。

成功就有賞！用「增強式學習」為人工智慧升級

在我們提供給人工智慧的題目當中，有些問題並沒有明確的標準答案。舉例來說，電玩遊戲以打倒敵人、賺取分數為目的，但達到這個目的所用的方法、過程，並沒有所謂的正確或不正確。

在這樣的遊戲當中，玩家會因為達成目的而獲得某些報酬，例如「打倒敵人就有經驗值」、「過關就能得到分數」或「過關所用的時間越短，分數越高」等等。於是玩家就會為了拿到更高的報酬而設法找密技，好讓自己的表現更出色。

這個概念，可以直接應用在人工智慧的學習上──它是一套名叫「**增強式學習**」的學習方法，**依據學習成果給予相對的報酬，好讓學習者的傑出表現得到增強**。例如我們設定「遊戲若能在10分鐘內過關，就加10分」、「若在20分鐘內破關，就加5分」等條件，人工智慧就會去加強自己快速過關時的做法，避免再用那些太花時間的辦法，逐漸進步、成長。

「增強式學習」會讓學習者多次重複同一個行為，**並在每個行為之後去蕪存菁，應用到下一次的行動上。這一點和人類在現實世界學習的方法很相似，容易套用在現實世界的學習上，是它的一大優勢**。

這樣的學習方法，其實也已經運用在現代人工智慧的學習上。負責執行下圍棋、西洋棋、將棋、電玩遊戲、駕駛汽車及操縱機器人等任務的人工智慧，能有超越人類的傑出表現，增強式學習的應用是一大主因。

增強式學習的特色

在增強式學習的環境中，人工智慧的一舉一動，都是為了得到更多的報酬。儘管報酬多寡仍需要人類設定，但這套學習方法，很能因應實際社會環境的情況。

人工智慧

負責解答自己拿到的題目。在設定上，它會選擇做那些可獲得較高報酬的舉動。

10 分鐘內過關 ▼ **10 分！**	學會下次要增強（重複執行）這次所採取的行動。
20 分鐘內過關 ▼ **5 分！**	學會下次要適度強化這次所採取的行動。
無法過關 ▼ **0 分！**	學會下次不要採取和這次相同的行動。

AI 題外話

模仿基因的人工智慧
基因演算法

徒勞無功的惡行逐漸消失，論功行賞的善舉才會留下——這個規則和自然界的自然淘汰法則頗為相似。在自然淘汰法則的運作下，競爭力差的種族會絕滅，強大的優秀種族才能存活。人類仿照這個法則，打造出了一套機器學習的手法，也就是所謂的「基因演算法」（Genetic Algorithm）。它和增強式學習的不同之處，是在人工智慧學習、成長的過程中，加入了基因突變和交配。人工智慧的優秀特質會持續增強，這一點和增強式學習無異，但之後會因為交配而使人工智慧的部分演算法內容隨機更換，或因為突變而導致部分演算法急速成長、衰敗。

演算法內容會隨機更換、成長或衰敗——這正是基因演算法最大的特色。由於這種人工智慧的成長不只取決於報酬，故即使報酬設定有誤，人工智慧或多或少還是能持續成長。

人工智慧是用「好幾個大腦」來拓展自己的能力

雖然機器學習針對特定問題的解決能力提高了，但光是這樣，仍無法將人工智慧的聰明程度推升到足堪使用的水準。舉例來說，一套人工智慧的將棋棋力再高，只要它無法辨識將棋棋子的位置，並以適度的力道拿起、移動棋子，它就無法實際下棋。因此，**幾乎所有人工智慧都要結合多種不同的能力，才能在現實社會裡實際運用**。

人類只用一個大腦，就掌管了好幾種不同的能力。而一套人工智慧，基本上只能執行一、兩項任務，無法十項全能。就算稍具泛用性，可網羅的範圍也很有限。這就是所謂的**專用型AI**（參見第64頁）。

因此，人工智慧是以好幾套AI互助合作的方式，來擴大它們的泛用性。例如下將棋時，就要用想棋步的人工智慧，搭配能辨識棋子位置、操縱機械手臂的人工智慧來進行。而看在旁人眼裡，會以為下棋的是一整套人工智慧。

現代社會的人工智慧，幾乎全都是專用型AI。只要妥善結合這些專用型AI，就能讓人工智慧發揮驚人的威力。舉凡**自動駕駛汽車，或是知名的圍棋AI－AlphaGo，都有好幾套人工智慧在背後輔助**。這樣的運作機制，是人類在為現代人工智慧打造雛型時，最不可或缺的技術。

小知識

舉止動作看來就像只有一套人工智慧在運作，但事實上是整合多個人工智慧，讓它們為達成同一個目的而合作。這種人工智慧，我們稱之為「分散式人工智慧」（DAI）。

小知識

整合多個具有自主性的人工智慧，讓它們同為一個目的而分工合作，就稱為「多重智慧代理人系統」。這種系統與分散式人工智慧不同，系統中的每一個人工智慧皆可獨立執行任務。

如何讓人工智慧執行多項任務？

每一套人工智慧只能執行一、兩項任務，但結合多個人工智慧，就能創造出可在現實世界派上用場的人工智慧。

人類

所有思考、行為，都由同一個大腦掌管。大腦可讓一個人同時會說多種語言，會下將棋、圍棋，也能走路、抓取物品。

人工智慧

一套人工智慧只能執行某項特定的任務，例如會說英文、會思考將棋該怎麼下，或者會抓起東西移動。

如何讓人工智慧執行多項任務？

例 **自動駕駛汽車**

情況辨識 AI + **行動計畫 AI** + **導航 AI**

情況辨識 AI

分析車上雷達或攝影機傳送過來的資訊，以確實掌握車輛、道路、行人的位置。

行動計畫 AI

根據所知的情況擬訂最適當的行動計畫，如「閃避車輛」、「撞到行人之前停下」，或「起步開車」等。

導航 AI

研擬最佳路徑，以便執行行動計畫，例如「安全閃避人車的路線」、「安全停妥車輛的煞車時機」等。

「好像可用」的水準可不行！人工智慧的實用性如何？

如今人工智慧可處理的知識量，已較早期來得豐富許多，而且還能自行學習新知。有專業技能的人工智慧，甚至可以互助合作，執行更複合式的任務。

人工智慧能成長到這樣的水準，是自人類開始研究人工智慧之後，歷經三十年的努力，也就是到了一九八〇年代時才有的成果。而一九八〇年代距今也已是三十年以上的過去，當時的人工智慧已能發展到這樣的境界，可說是令人大感訝異。

然而，「能不能做到」，和「能不能派上用場」是兩回事。當時的確在人工智慧的理論和應用手法上，都已確立了一定程度的基礎，實際上也用這些理論打造出了人工智慧，並達到「好像可用」的水準。**會沿著道路行駛的自動駕駛汽車，和會學習單字發音的人工智慧，就是在這個時期問世的。可是，當年的人工智慧不管在哪一種任務的表現，都還沒有達到能取代人類的水準**。於是，人們對人工智慧研究不再投以關注的眼神，彷彿就像是在宣告「世上沒有派不上用場的機器」似的。

為什麼當時的人工智慧無法實際運用呢？**其實是因為機器學習所需要的資訊（數據）根本完全不夠**。在機器學習的領域裡，數據資料的量越多，人工智慧的性能才會隨之提升。而當年還沒有辦法蒐集到足以將人工智慧推向實用水準的大量數據。

第二次人工智慧熱潮落幕

人工智慧的理論發展有了長足的進步，人們也運用這些理論，打造出了各式各樣的人工智慧。當中雖有許多可望達到實用等級者，但終究都還是差了臨門一腳。

人們打造出了會做很多事的人工智慧，只可惜……

人工智慧各方面的能力都還只是半吊子，人類的表現遠勝許多。

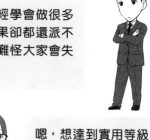

宣稱「已經學會做很多事！」結果卻都還派不上用場，難怪大家會失望了。

嗯，想達到實用等級，還需要更多數據資料。而當年人們還不知道該如何蒐集這樣的資料。

AI題外話

第二次人工智慧熱潮究竟缺少了什麼？

現在的自動駕駛汽車是透過網路，向行駛在全球各地的汽車蒐集數據資料，藉此不斷地學習。而影像或語音辨識、語言處理等方面的學習，也都會運用網路上的影片或文本資料。換言之，這些學習都是建立在「有網路」的基礎上。然而，機器學習剛問世的一九八〇年代根本就還沒有網際網路，因此也就無法蒐集到機器學習所需要的資料量了。

此外，要處理這些在網路上蒐集而來的龐大數據資料，並作為學習之用，其實電腦也需要具備相當程度的性能。如今電腦的進步堪稱日新月異，但在一九八〇年時，電腦的性能尚不足以應付網路時代的資訊量。

換句話說，當年其實還沒有完善的環境，才無法讓人工智慧透過機器學習來追求進化。

column 3

日本將成為人工智慧導入人類社會的全球典範？

人工智慧普及之後，人類社會或多或少會出現一些變化。然而，就像電腦和網路的問世，帶給各國社會的變化不盡相同一樣，今後人工智慧將對全球各國帶來什麼樣的影響，恐怕也無法一概而論。那麼，到底人工智慧將在日本社會引發哪些改變呢？

首先，在人工智慧的技術開發方面，日本其實是落後的。技術領先的幾乎都是美國企業，很少看到日本企業的蹤跡。可是，就像當年在美國主導下所開發的電腦和網路改變了整個世界一樣，各國社會變化與否，和技術來自哪個國家，兩者之間並沒有關係。

在最新的人工智慧開發上，美國的確略勝一籌，但日本擅長的，是在前人的基礎上加入巧思變化，走出與眾不同的路。有時雖不免因為過度標新立異，導致日本的技術加拉巴哥化（Galapagosization）。然而，猶記得當年日本曾讓源於美國的電視遊樂器發揚光大，風靡全球；如今日本也有十足的潛力，能讓源自美國的人工智慧，發展出獨特的走向，創造新的風潮。再加上日本還有「硬體」這項看家本領，可讓人工智慧結合機器人，將日本的優勢發揮到極致。日本要是把市佔率稱霸全球的工業用機器人等產品拿來搭配人工智慧，工業領域一定會出現巨變。

再者，人工智慧在目前日本面臨的少子化問題方面，其實也可以大幅改善許多困境。例如公共汽車若能電動化、自駕化，開闢新線、增加班次都會變得容易許多，甚至還可以運用在撥召公車（Dial-a-Ride）的營運上。如此一來，高齡長輩就不必買車、養車，就算家中有車，大部分車輛也都可自動化，長輩不會因為開車而肇事釀禍。此外，人工智慧目前也可用來照顧長輩和孩童，大幅減輕家人照護或育兒的負擔。人工智慧或許真的可以改善少子、高齡化問題的發展趨勢。

不論如何，日本在人工智慧領域當中，是個「用來開拓各種可能」的市場，未來潛力大有可為。儘管在技術開發上錯失了先機，但日本絕對有機會成為全世界最懂得聰明運用人工智慧的典範。

第 3 章
人工智慧已開始超越人類！

「深度學習」

這種新型態的機器學習問世後，

人工智慧因此而得到了「眼睛」和「耳朵」——

它讓人工智慧除了有高超的運算能力之外，

還能以更具感受性的方式理解事物，解答問題。

雖然和人類相比，人工智慧能做的事還是有限，

但在某些特定領域當中，

人工智慧已開始展現出過人的能力。

喬巴，
幫我把東京、大阪，還有紐約的門市家數和營業額資料做成圖表。

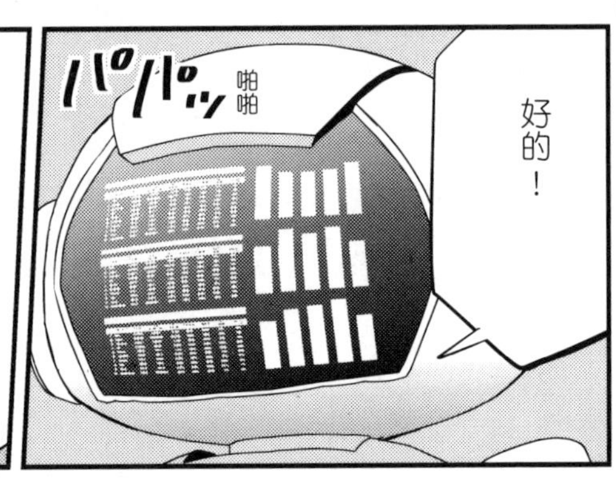
好的！
パパッ
啪啪

哇！出來了，出來了。謝啦！
パッ
啪

叔叔，你現在也很熟悉喬巴的操作方式了嘛！
還好啦……畢竟是一台機器，
只要搞懂它的運作機制，就手到擒來啦！

バタン!!
啪噹!!
竟然敢說出那麼小看AI的話……
バタ バタ バタ
啪噠啪噠

看來那個傢伙還沒有搞懂
尖端科技的結晶到底有多厲害！
バンッ！
啪！
為、為什麼妳會在這裡出現？
我請裕太幫我測試新的ＡＩ程式呀！
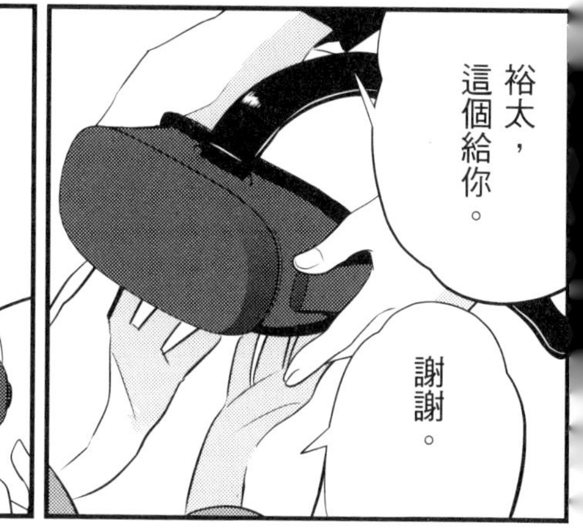
裕太，這個給你。
謝謝。

哇～！好神～！
還可以把喬巴送進去，讓你們合作進行遊戲喔！

真的吔！喬巴來了！它超強的！
ピシャーン
噗嚓～
原來還可以這樣……
521
DAMAGE!!
怎麼樣？你所知道的喬巴用法，
頂多只佔整體的這～麼一點喔！

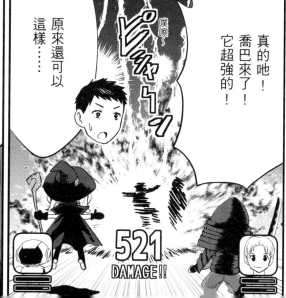

真厲害……我竟然還瞧不起它，說它是個半吊子……
呵呵，你知道就好。
趁著這個機會，我就來說明一下它們是怎麼突破瓶頸的吧！
呃……我還在工作吔……
關鍵就在網路！
網路……？
機器學習沒繳出漂亮成績單的原因是什麼？
資訊募集中
因為缺乏學習需要用到的教材（資訊）……
啊！
沒錯。但隨著網路的普及，網路上累積了非常大量的數據資料。
照片、影片和音樂的數據資料多不勝數。
文本資料也不遑多讓，從論文、演講稿，到一般人在社群網站上的投稿，一應俱全。
現在，我們把這些東西稱為「大數據」。
它們就是人工智慧進行機器學習時的教材。

喔！所以才能打造出喬巴？
你跳得稍微快了一點！

你想想，喬巴為什麼可以看影像回答問題，或透過聲音聽取指示？
為什麼？

這時候就輪到深度學習上場啦！
DEEP LEARNING
喔！我好像有聽過！

深度學習其實就是大型版的類神經網路……
類神經網路……那是什麼啊？

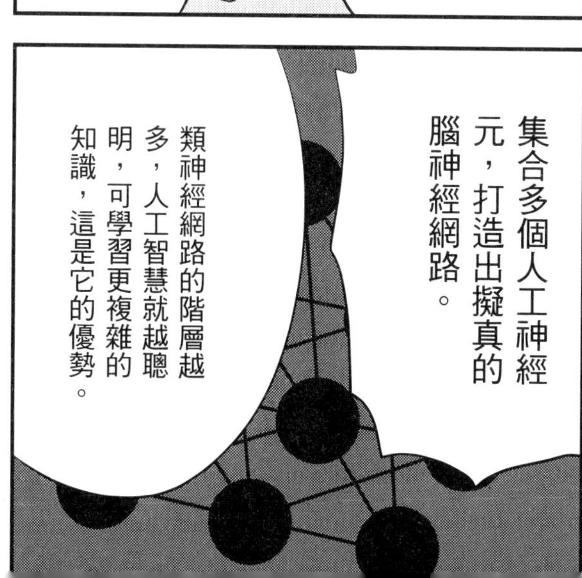
集合多個人工神經元，打造出擬真的腦神經網路。
類神經網路的階層越多，人工智慧就越聰明，可學習更複雜的知識，這是它的優勢。

那早點拿出來用不就好了……
因為以往階層越多，機器學習的準確度就會降低，所以不能用啊……
就是個不折不扣的小嬰兒。
類神經網路雖然具有可以自我學習的優點，但也因為這樣，所以一開始什麼都不會。

意思就是說它們一開始可能會犯錯連連囉？
出錯就要先找出是哪個神經元出錯，接著再評估要如何調整才能答出正確答案……每次都要這樣做的話，天都黑了。
不過，由於可以克服這些問題的新技術問世，人類才順利打造出了由多層結構組成的類神經網路。

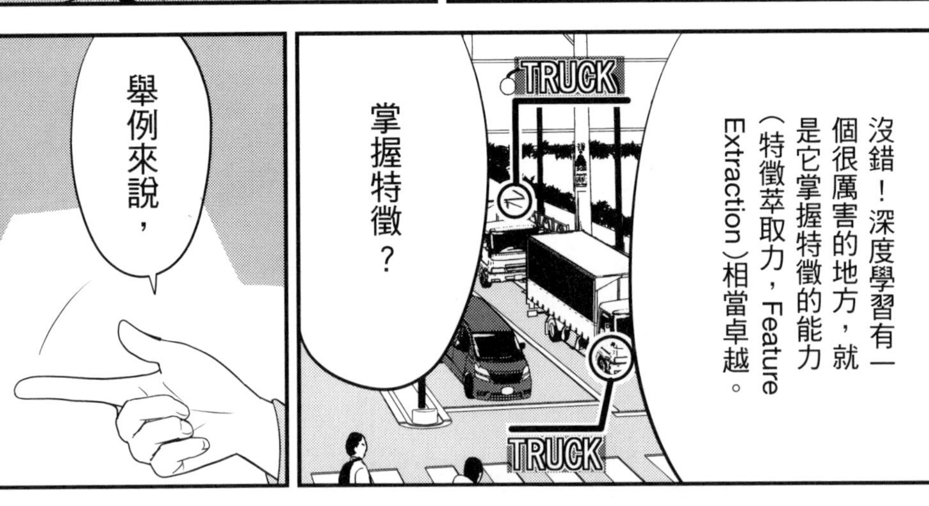
沒錯！深度學習有一個很厲害的地方，就是它掌握特徵的能力（特徵萃取力，Feature Extraction）相當卓越。
TRUCK
TRUCK
掌握特徵？
舉例來說，

誠司，你是從哪裡看出這個人是裕太的？

從哪裡？看就知道了呀！

哇！喬巴，快恢復～！

是！

沒錯！這就是人類厲害的地方。

嗶

啊？

其實你是從眼睛、鼻子、嘴巴、頭髮等部位的形狀和大小等，來掌握他與眾不同的特徵，進而辨識出裕太這個人。

人類不必刻意為之，就能自然而然地做到這一點。

人工智慧辦不到嗎？
傳統的人工智慧的確不行。

不過，深度學習可就不同了。
它會瀏覽大量的圖片並加以比對，從中找出標的物的特徵後，正確地辨認出標的物。

實際上，由Google所開發的人工智慧，已可正確地辨認「貓」的圖片，當時還蔚為話題呢！

哇！人工智慧知道什麼是貓了呀？
雖然它們目前還只會辨認外觀樣貌，

但只要讓它們持續瀏覽大量的圖片……
至少它們在「辨識力」這一點上，應該會發展出超越人類的能力。

聲音也是一樣，只要讓人工智慧聽很多聲音檔，它們就能正確地辨認出需要的聲音。
換句話說，人工智慧連聽力都有了。

深度學習能順利完成這些感受性的任務，可說是一大創舉。
哇！都已經這麼晚了！
裕太，該寫功課啦！

裕太的視力和聽力都被剝奪了……
太棒了！喬巴，我們打倒敵人了!!
沒錯！我們贏了！
人類是不是反而還退化了啊……

網路也促進了人工智慧的創新

如何突破技術面的瓶頸？

第二次人工智慧熱潮下產生的課題

❶教材（資訊）不足
無法蒐集到人工智慧在機器學習時所需要的教材。

❷硬體性能不足
即使蒐集到了大量的資訊，仍缺乏性能足以處理這些資訊的電腦。

↓

網際網路問世

除了文字，照片、影片和聲音等，也都能化為數據資料，傳送到遠處。

電腦性能提升

電腦的性能每年都持續呈現倍數成長，突破硬體界限顯然指日可待。

↓ 終於！

機器學習所需要的教材和硬體都已備齊。

↓ 而且！

全世界人類在數據資料上的活動，
已在網路伺服器裡累積了相當程度的數量。

↓

大數據誕生 !!

如何處理大量的資訊？

大數據的資訊量實在是過於龐大，早期人類根本無法妥善處理、運用。

那該怎麼辦？

❶ 整理資訊

依據資訊的特性來加以整理，以便隨時取用（搜尋）。

❷ 資料探勘

調查各項資料，從中找出相關性高且有價值的資訊。

人工處理早已緩不濟急，所以這就是人工智慧大顯身手的時候了！

機器學習上的應用

可從大數據當中，只挑出適用於機器學習的特定數據資料，如圖片、聲音等。

商業、研究上的應用

人工智慧能從大數據當中，找出在商業或研究上具有價值的資訊。

人工智慧穩定成長！

人工智慧在西洋棋（深藍）、將棋（Bonanza）、益智問答（華生）領域，已開始展現出優於人類的實力！

網路的出現，大大地改變了機器學習

機器學習雖已問世，卻無法蒐集到人工智慧在學習所必需的教材（資訊）；就算真的蒐集到了大量的教材，也找不到性能卓越、足以應付這些資訊處理的電腦——這就是第二次人工智慧熱潮在當年碰上的發展瓶頸。

後來大家知道電腦性能年年都不斷地在翻倍成長，因此剩下的問題，就只有教材（資訊）的量了。**而突破這個瓶頸的關鍵因素，是網路的問世**。

在網路問世之前，學者專家和助理們要讓人工智慧學習，必須自行找來書籍或文件，再手動將這些資料輸入電腦。然而，這種學習方式，能教給人工智慧的資訊量有限。**直到網路問世，全世界都有人透過網路**

人工智慧研究過去面臨的兩大瓶頸

突破兩大瓶頸後，人工智慧也因而邁入了新的發展階段。

瓶頸 ❶

可用於機器學習的資訊量不足

學者專家必須自行蒐集資料，再手動將資料輸入電腦，能教給人工智慧的資訊量有限。

↓

網路的問世，讓人工智慧可以取得大量資訊，甚至多到根本處理不完的地步！

瓶頸 ❷

電腦性能不足

就算想處理大量資訊，也沒有具備足夠運算處理能力的電腦。

↓

電腦性能不斷翻倍成長。到了1990 年代時，電腦竟比 20 年前進步了將近 1000 倍！

交流資訊，所以人工智慧也才可以只憑搜尋，就獲得新知。

不過，人工智慧畢竟不像人類，能把網路運用得那麼得心應手。因此，人類運用了一些巧思，讓人工智慧也能輕鬆地取得網路上的資訊。

而接下來的問題，卻是蒐集到太多資訊，導致人類為人工智慧設計的巧思不敷使用。太多的資訊，也讓人類無從處理。

曾幾何時，人們開始將如此龐大的數據資料稱為「**大數據**」。匯集了各式各樣資訊的大數據，就是一座寶山。**要把這些資料整理得宜，的確不容易，但我們很清楚地知道：只要妥善運用大數據，機器學習的效果就能突飛猛進，人工智慧的發展也會大幅躍進。**問題是，究竟該怎麼做，才能妥善運用如此龐大的資訊？

網路的問世，讓研究環境為之一變

網路的問世，催生出了大數據。隨後，人工智慧就面臨到了「如何處理大量資訊」的問題。

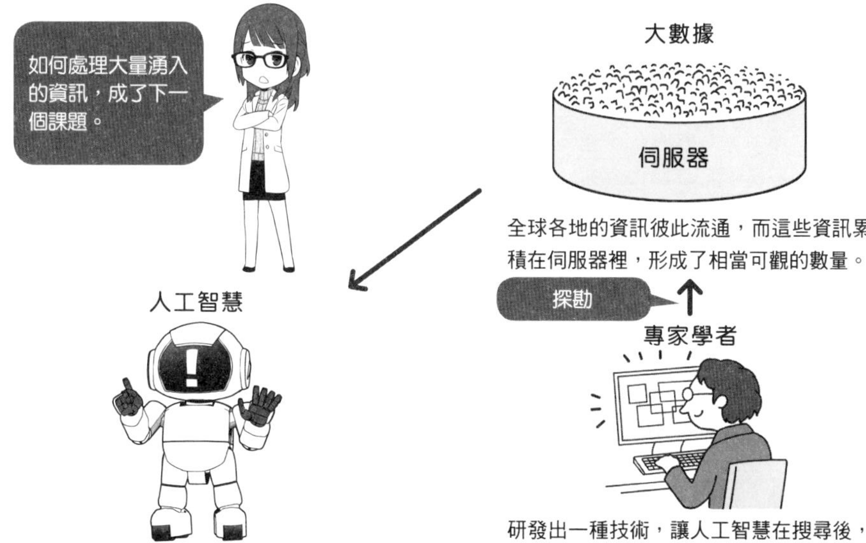

如何處理大量湧入的資訊，成了下一個課題。
大數據
伺服器
全球各地的資訊彼此流通，而這些資訊累積在伺服器裡，形成了相當可觀的數量。
探勘
專家學者
人工智慧
研發出一種技術，讓人工智慧在搜尋後，只從結果中抓取出需要的資訊。這讓人工智慧也能輕鬆取得網路上的資訊。
自動匯集機器學習所需的教材（資訊）。

人工智慧會從龐大的資料中找出有價值的東西

當您想從藏書量多達數萬冊的圖書館裡，找出自己想要的一本書時，您會怎麼做？絕大多數的情況下，找書不會花我們太多的力氣，畢竟圖書館為了方便讀者找書，所有館藏都分門別類，依序陳列。電子數據資料也一樣，**只要書名、類別、作者和出版社等資訊已經過整理，我們就可從中找出一些線索。**

此外，有時我們還沒有清楚的定見，不確定自己究竟想讀哪一本書。這時就要告訴圖書館的館員，說「我想讀這樣的書」，請他們代為尋書。其實這就是一種**搜尋引擎**，**至於能不能找到我們想要的資訊，就要看那位館員（搜尋引擎）的功力如何了。**

若是未經整理的資訊，情況又會如何

如何有效率地找出我們想要的資訊

整理得越有秩序，可搜尋性就越好。不過，社會上大部分的資訊，都是處於有蒐集、沒整理的狀態。

經過整理的資訊

以書籍為例，可用「書名」、「作者名」、「類別」、「出版社」、「出版日期」等條件來整理，依序排列。

↓

人類也可透過「搜尋」，找出需要的書！

未經整理的資訊

排列方式亂七八糟，封面上也沒寫出書名和作者名等，資訊呈現未經整理的狀態。

↓

人類束手無策。

呢？當圖書館裡的書排列得亂七八糟，封面上連書名或作者名都沒寫時，我們要從中找出想要的資訊，就得逐一拿出每本書籍，確認書中內容才行。這就是所謂的「大海撈針」。要人類在這樣的狀態下找出需要的資訊，幾乎是不可能的任務。不過，人工智慧可就不同了。**它除了能滴水不漏地搜尋龐雜的資訊，找出我們想要的內容，還可以替人類整理資訊**。

有了人工智慧，就能讓人類原本認為無用武之地的數據資料，身價突然翻漲。人工智慧挖掘、整理出來的這些資料，既可透過機器學習，用來幫助人工智慧變得更聰明，又能運用在人類的研究或商業活動上。而這種取得資料的方法，就稱為**「資料探勘」**（data mining），也就是「挖掘資訊」的意思，目前在多種領域都已廣為使用。

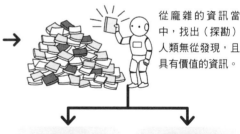

借重人工智慧的力量，妥善運用大數據

人類不擅處理的事，就是人工智慧上場的好時機。例如在大數據的處理上，人工智慧就有很大的發揮空間。

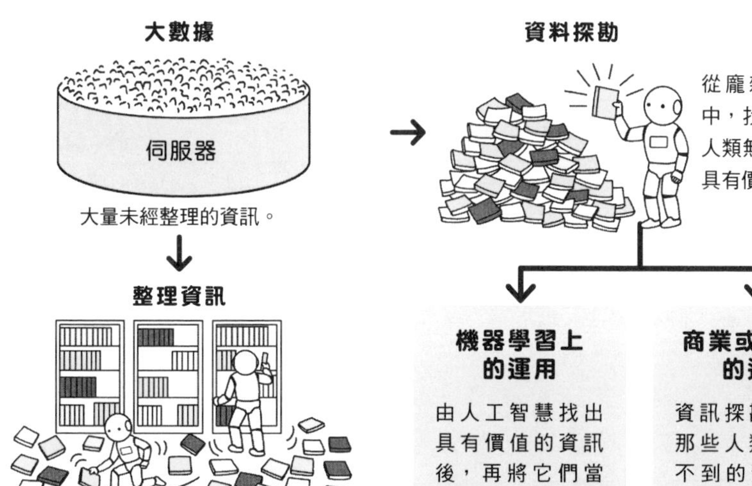

大數據
伺服器
大量未經整理的資訊。
整理資訊
人工智慧滴水不漏地檢查、整理過後，可增加更多便於搜尋的資訊。
資料探勘
從龐雜的資訊當中，找出（探勘）人類無從發現，且具有價值的資訊。
機器學習上的運用
由人工智慧找出具有價值的資訊後，再將它們當作新的教材，讓人工智慧變得更聰明。
商業或研究上的運用
資訊探勘能挑出那些人類智慧找不到的資訊，故可將這項特色運用在商業活動或研究開發方面。

人工智慧已憑「資訊力」和「運算力」超越人類

網路及其背後所代表的各種科技創新，讓人工智慧可處理的資訊量飛快地增加。在此同時，電腦的運算能力也持續提升，暴增至過去的千倍以上。

專家運用這份卓越的運算能力，打造出**「深藍」（DeepBlue）**，成功擊敗了西洋棋世界冠軍，引起相當熱烈的討論。深藍是由IBM所開發的一套西洋棋專用的人工智慧，**它的特色，是能根據一些參考過往棋譜所設計的評估函數，判斷盤面局勢的優劣，並以卓越的運算能力來預測對手的棋步**。

將棋專用的人工智慧Bonanza也在此際問世。它除了上述的評估函數手法之外，還可自動學習盤勢優劣。**Bonanza不僅會預測，還會透過機器學習的方式，學習盤面局勢優劣，找出理想的棋步**。它在對弈時的表現，已可與職業棋士並駕齊驅，甚至更勝一籌，堪稱是機器學習與人工智慧運算能力巧妙融合的結晶。

此外，專攻自然語言處理的**華生（Watson）**也隨之問世。華生在考驗參賽者知識多寡的益智問答比賽中，與人類同台較勁，最後由華生勝出。**其實它就是會從一些與題目關鍵字有關的資料庫（書籍和百科全書等）當中，自行找出答案的系統**。華生和現有搜尋引擎最大的不同，就是它能正確地了解益智問答時所出的題目，並備妥單一解答。這是由於現代社會的資訊量激增，電腦的運算能力也有所提升，人工智慧才得以超越人類。

▼**自然語言**

在人類生活中自然而然地出現，且為人類平時所使用的語言，例如日文、英文等。至於人工創造出來的程式語言，則稱為形式語言。

【**小知識**】

由於目前已可運用極大量的資訊，進行大規模的機器學習，因此以往難以透過小規模機器學習來操作的統計式資訊處理或自然語言處理，現在皆已可使用機器學習。

已開始超越人類的各種人工智慧

人工智慧充分運用其資訊力和運算能力，在西洋棋、將棋、益智問答等遊戲領域當中，已展現出超越人類的卓越成果。

西洋棋 AI 深藍

可運用卓越超群的運算能力，預測盤面上的所有可能，並同時依據人類所擬訂的盤面評估規則，決定自己要下的棋步。

→

戰勝人類！

深藍於 1996 年 2 月及 1997 年 5 月，曾與稱霸人類世界的西洋棋棋王加里．卡斯帕洛夫（Garry Kasparov）兩度交手，並在第二次對弈時獲勝。

將棋 AI Bonanza

除了具備可預測盤面局勢的運算能力，還能不靠人類編寫的規則，以機器學習的方式，自行擬訂一套判斷標準，決定要下的棋步。

→

和人類不分軒輊！

2007 年 3 月，Bonanza 挑戰渡邊明龍王。Bonanza 在前半一路保持優勢，一度讓頂尖棋士陷入窘境，可惜仍最後不幸落敗。

華生（益智問答）

華生的自然語言處理功能經過特別強化，因此可聽懂題目，再從資料庫中找出與題目相關的關鍵字。

→

戰勝人類！

2009 年，華生參加了美國當紅的益智節目「危險境地！」（Jeopardy!），擊敗多位人類參賽者，獲得優勝。

1分鐘搞懂

讓AI有「感受」？何謂深度學習!?

深度學習誕生的過程

在獲得了龐大的資訊量及運算能力後，
人類開始重新審視類神經網路。

感覺派

類神經網路

模仿人類的腦神經網路，
由人工神經元多層重疊而成。

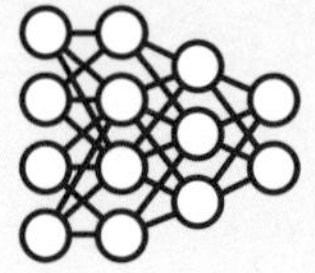

優點	缺點
●可自主學習，並在不斷學習之下成長。 ●階層越多，就越能處理各種五花八門的資訊，變得更聰明。	●階層越多，學習就越困難（因為找出錯誤之處的難度會變高）。

從技術面切入，突破瓶頸！

＼詳細內容請參閱 P.120！／

即使階層再多，
仍能維持學習效率。

深度學習誕生！

深度學習到底有什麼厲害之處？

深度學習

運用大型類神經網路所打造的學習系統

它最了不起的地方是……

掌握特徵的能力（特徵萃取力）

其實……

詳細內容請參閱 P.122！

人類是透過臉部的「特徵」來辨識其他人

A的眼睛又圓又大
B的鼻樑又長又挺
……等等。

運用深度學習，讓人工智慧也同樣能
藉由「特徵」來辨別事物

於是……

人工智慧就能自行找出影像或聲音的特徵，進而加以辨識！

人工智慧也能處理「感受性」的任務了！

衝擊全球的「深度學習」問世

其實說穿了，人工智慧的學習技術，原本是感覺派——也就是聯結主義的產物。然而，當年由於技術門檻實在太高，無法做出令人滿意的成果。再加上機器學習問世，讓理論派的人工智慧取得了學習能力，更使它乏人問津。**然而，就在它取得了龐大的資訊量和運算能力之後，情況為之一變**。有幾項「用聯結主義的概念進行機器學習」的技術，在此時問世。

類神經網路是一種會透過不斷學習而成長的系統。**當時人類將它與監督式學習結合，大幅提高了它的學習效率**。這項技術，稱為**「倒傳遞類神經網路」**（Back Propagation Neural Network）。

此外，類神經網路有一項特色，那就是只要它的規模越大、越複雜，就能變得越聰明。因此，人類曾嘗試將類神經網路的階層極大化，但這種多層式的類神經網路，用在監督式學習上的成效卻不如預期。**於是，人類便發展出了一套技術，先細分類神經網路的各個階層，再進行前置學習**。這種技術，稱為**「自動編碼器」**（autoencoder）。

還有，參考人類視神經運作方式所開發出來的**「卷積神經網絡」**（Convolutional Neural Network，**簡稱**CNN）也在此際問世。至此，運用大規模類神經網路打造的學習系統**「深度學習」**終於誕生。這項技術在二〇一二年的ILSVRC視覺辨識競賽當中，拿下了相當出色的成績，在全世界一舉打響了名號。

卷積神經網路

影像處理專用的類神經網路，運用的技術是「卷積」（convolution）和「池化」（pooling）。

ILSVRC

影像辨識程式的國際級大賽。二〇一五年時，程式的辨識水準已超越了人類。

小知識

深度學習問世之後，專家仍不斷地加以改良，讓它能在非監督式學習的情況下，找出「貓」的圖像。目前已有越來越多領域，廣泛運用深度學習的技術。

何謂深度學習？

所謂的深度學習，就是運用多層結構的類神經網路，所打造出來的學習系統。

深度學習 疊加許多層類神經網路的學習系統。

單層類神經網路

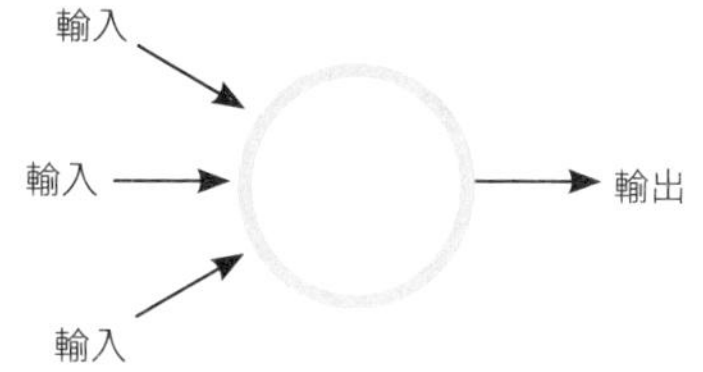

能學習的事有限，就實用面而言，幾乎派不上用場。

多層類神經網路

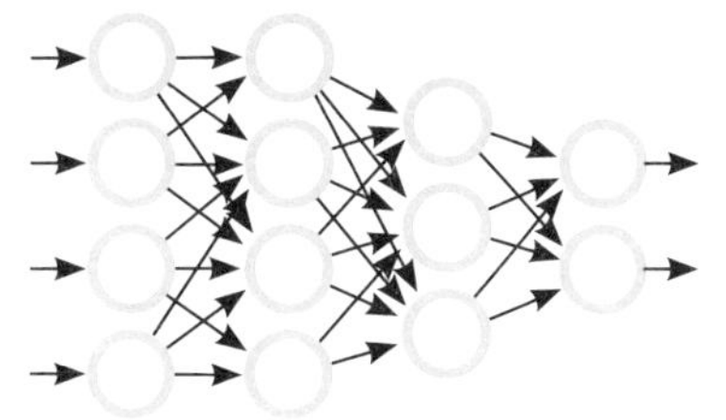

階層越多，結構越複雜，深度學習就會變得更聰明，學習能力也會隨之提升。

倒傳遞類神經網路與自動編碼器

深度學習這項技術，是由於倒傳遞類神經網路和自動編碼器等問世，才得以實現。

倒傳遞類神經網路

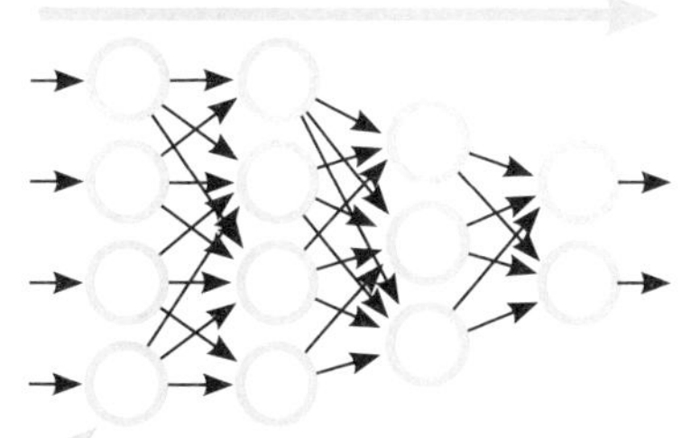

會確認交付的題目（輸入）和系統提出的答案（輸出）之間是否有誤差。如有誤差，就會從輸出端開始進行確認，並調整資訊傳達有誤的地方。

自動編碼器

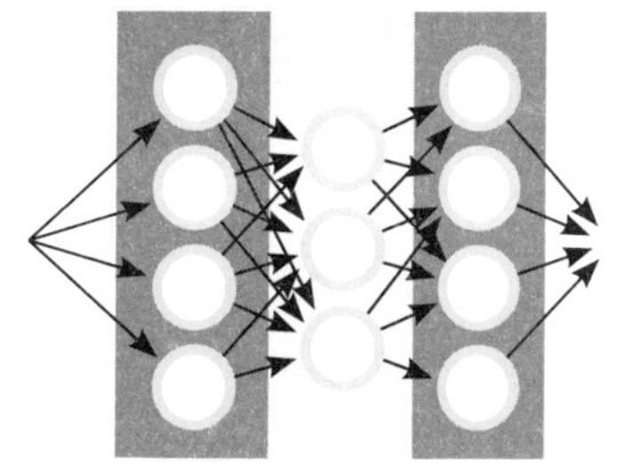

將每一階層細分之後，讓類神經網路再三學習，直到輸入和輸出的值完全相同為止。有了這項技術之後，即使類神經網路的層數再多，都可以提升學習的準確度。

可勝任「視覺辨認」、「聽聲辨別」等感受性的任務！

深度學習和既往幾種人工智慧技術的不同之處，在於它擅長辨認特徵。人工智慧本來其實較不擅長「辨認圖片」、「聽聲辨別」等偏重感受性的任務，而幫助它克服這個弱點的，就是深度學習。

舉例來說，人類在分辨其他人的長相時，是看對方的眼睛、鼻子和嘴巴等特徵來判斷，也就是透過準確記憶他人的個別長相特徵，進而記住對方的長相。這種行為，我們稱之為**掌握特徵的能力（特徵萃取力）**。換言之，就是因為有了深度學習，才讓人工智慧獲得了遠比以往強大的特徵萃取力。

為了能正確辨認圖片，深度學習所做的「學習」，並不是鉅細靡遺地把人的長相或物體的形狀硬背下來，而是做了**「懂得如何掌握容貌或物體特徵的學習」**。所謂的特徵，說穿了就是與眾不同的部分。而想知道哪些部分與眾不同，首先得知道「普通」或「平均值」究竟是多少。人類會從平時的經驗當中，下意識地學會「普通」的概念，進而找出他人或物體的特徵所在。然而，這種行為其實是一種相當高超的技術。

要讓人工智慧學會辨識，需要的樣本數量遠超過人類。因為深度學習問世而帶給人工智慧的「特徵萃取力」，水準其實並不如人類這麼高超。但是，只要蒐集到足供學習的樣本數，人工智慧其實也能夠發揮出超越人類的實力。

深度學習的特徵萃取力

找出事物特徵，進而加以理解——這原本是人工智慧不擅長的領域，但深度學習的出現，改變了這個困境。

A 先生的照片

圓眼睛、高鼻子、厚嘴唇、尖下巴……這就是 A 先生！

人工智慧可透過深度學習的方式，鍛鍊從各部位萃取特徵的能力，學會如何辨認圖片。

運用深度學習技術，進行過學習的人工智慧。

要學會如何萃取特徵，需進行哪些學習？

1　讓人工智慧瀏覽特定部位的各種圖片。

以眼睛為例，要讓人工智慧大量地瀏覽「小眼睛」、「大眼睛」、「杏眼」、「鳳眼」等，各種不同的眼部圖片，確實教會它分辨眼睛的特徵。

2　讓人工智慧瀏覽從不同角度拍攝同一部位的圖片。

讓人工智慧大量地瀏覽從不同角度拍攝同一個體的眼部圖片，好讓它在圖片角度更動時，也能分辨出是同一雙眼睛。

分別針對眼、鼻、唇、顎等部位，進行同樣的學習。

還能辨識出「傑出表現」的特徵

學會如何找出特徵之後，深度學習又將觸角延伸到了影像辨識、語音辨識，以及自然語言處理等領域，**所以現在才會懂得如何掌握「外觀特徵」、「聲音特徵」和「字彙排列方式的特徵」**。

尤其在影像辨識和語音辨識領域當中，深度學習突飛猛進，辨識能力轉眼間就已發展到與人類同等的水準。現在的智慧型手機能進行人臉辨識，可用語音輸入轉為文字，還能了解人類下達的語音指令，聽命行事，是因為這些智慧型手機裡搭載的人工智慧，都已利用深度學習技術進行過學習。

還有，以深度學習搭配增強式學習（參見第94頁）所打造的「**深度增強式學習**」，也在此際問世。所謂的增強式學習，是會用報酬來鼓勵人工智慧的傑出表現，藉以增強該行為。**搭配深度學習，就能讓增強式學習在「掌握傑出表現的特徵」方面，功力更上一層樓**。人工智慧的學習效率大幅提升之後，才促成了電視遊樂器玩家人工智慧**DQN**（參見左頁下方），以及在圍棋界戰勝人類的**阿爾法圍棋**問世。

說穿了，深度學習只不過是一項用來提升認知能力的技術，僅能讓人工智慧得到視覺和聽覺能力。它既不會開車，也不會運動，更不懂得如何寫作。不過，**對現在的人工智慧而言，因為它擁有了過去所沒有的眼睛和耳朵，整個世界可以說是突然打開了**。所以，今後人工智慧將會不斷學習，持續成長。

▼**阿爾法圍棋（AlphaGo）**
由Google所開發的一套圍棋人工智慧。它運用深度增強式學習的技術，學習既往的棋譜，並與其他AI對弈，鍛鍊棋力的結果，讓它成功打敗了人類的頂尖棋士。

何謂深度增強式學習？

搭配深度學習後，增強式學習的效率得以大幅提升。

深度學習

可提升掌握事物特徵的能力。

增強式學習

有傑出表現就能得到報酬，可讓傑出表現得到正增強。

更懂得如何掌握「傑出表現的特徵」！

AI題外話

深度增強式學習與DQN的成果

所謂的深度增強式學習，是指在多層類神經網路的機器學習上，運用增強式學習的技術。在增強式學習的過程中，當獲得報酬時，人工智慧便會試圖強化這些會讓自己得到報酬的行為。然而，若在短時間內做出多項行為，便不容易釐清究竟是因為哪個動作而得到了報酬。這時就要運用深度學習的特徵萃取力，找出「能帶來報酬的行為或狀況」有何特徵。

實際在這項技術上展現出傲人成果的人工智慧，是由Google所開發的DQN（Deep Q-Network）。DQN在沒有向人類學習遊戲規則和操作方法的情況下，順利通過了某些懷舊電視遊樂器遊戲的所有關卡，最後甚至還得到了超越人類水準的分數。雖然只是在電玩遊戲中破關，但這代表了人工智慧幾乎可以不需人類協助就完成任務，是一項劃時代的成果。

喬巴你看，這個也很有趣喔！
好的，我記下來了。

真像個小孩……

不過話說回來，人工智慧可以用視覺能力和聽覺能力來做什麼？
就只能像這樣內建在各種裝置上，聽令回答人類的指示？

如果人工智慧的用途只有這麼一點，你不覺得太可惜了嗎？
覺得啊。

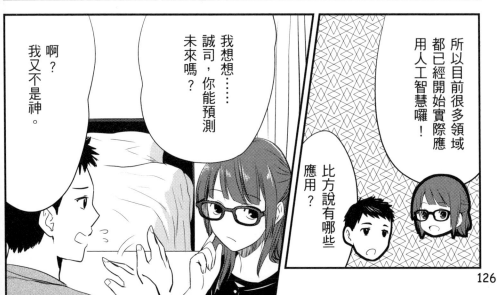

所以目前很多領域都已經開始實際應用人工智慧囉！

比方說有哪些應用？

我想想……誠司，你能預測未來嗎？

啊？我又不是神。

那你預測一下裕太接下來會做什麼。
！

……
呃……上廁所？

啊～！我憋不住啦!!
！
啪

叔叔，廁所借我用一下喔！
嘎恰

太厲害了，好神喔！
沒有啦……裕太那個樣子，應該誰都看得出來吧。
啪噹

人工智慧所做的預測，其實也是同樣的概念。
啊？

舉例來說，在高犯罪率的地區，
如果有一名戴著墨鏡、毛線帽的男子，在超市裡東張西望，你會怎麼想？
東張
西望
感覺很有可能會出事……

這種時候，只要多安排幾位員警，加強巡邏即可。
先生，打擾一下。
嚇
妳是說改由人工智慧來做這件事嗎？

嗯，可以把犯罪率的數據提供給人工智慧，

還可以讓人工智慧學習可疑人物常做哪些舉動，再透過監視攝影機來確認，

嗶

就能即時找出哪些人是可能作案的危險人物！

這種預測未來的應用，目前已經進入很多領域，例如來客、疾病和價格等。

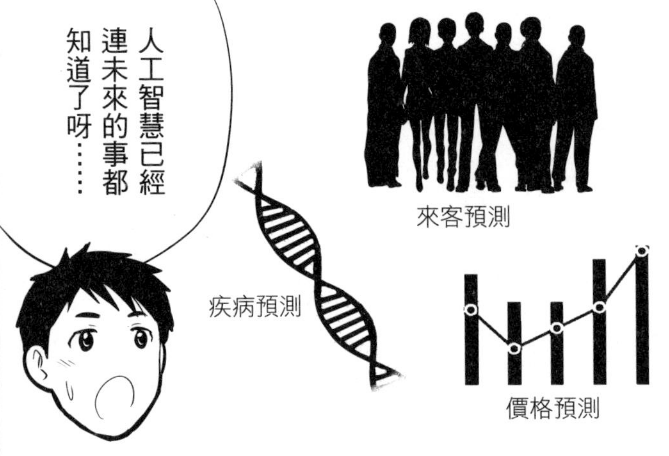

來客預測
疾病預測
價格預測
人工智慧已經連未來的事都知道了呀……

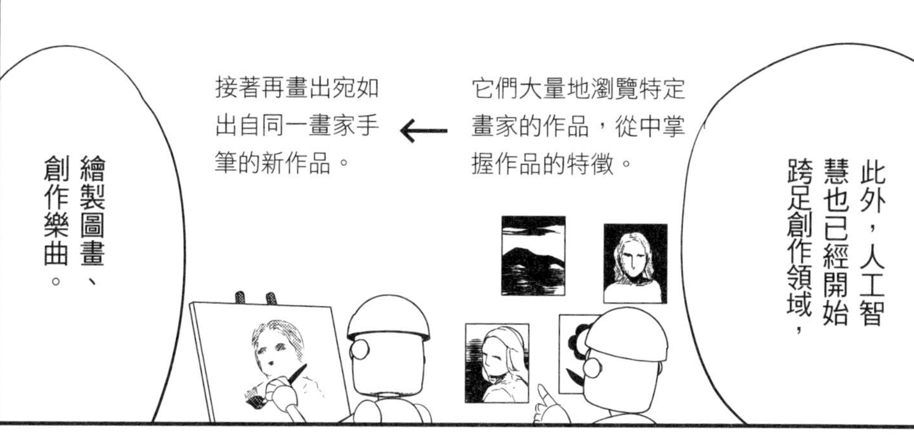

此外，人工智慧也已經開始跨足創作領域，
它們大量地瀏覽特定畫家的作品，從中掌握作品的特徵。
←
接著再畫出宛如出自同一畫家手筆的新作品。
繪製圖畫、創作樂曲。

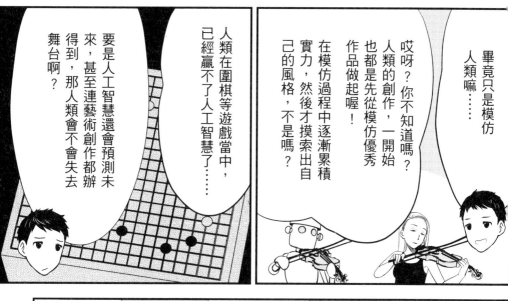

畢竟只是模仿人類嘛……

哎呀？你不知道嗎？人類的創作，一開始也都是先從模仿優秀作品做起喔！

在模仿過程中逐漸累積實力，然後才摸索出自己的風格，不是嗎？

人類在圍棋等遊戲當中，已經贏不了人工智慧了……

要是人工智慧還會預測未來，甚至連藝術創作都辦得到，那人類會不會失去舞台啊？

還有很多領域是由人類佔居上風的呀！
例如自然語言就是人工智慧目前完全無法理解的領域。
但我不是能和喬巴對話嗎？

嘿，喬巴，誠司說人類已經贏不了人工智慧了喔。

……

對不起，我不知道。
果然不出我所料。

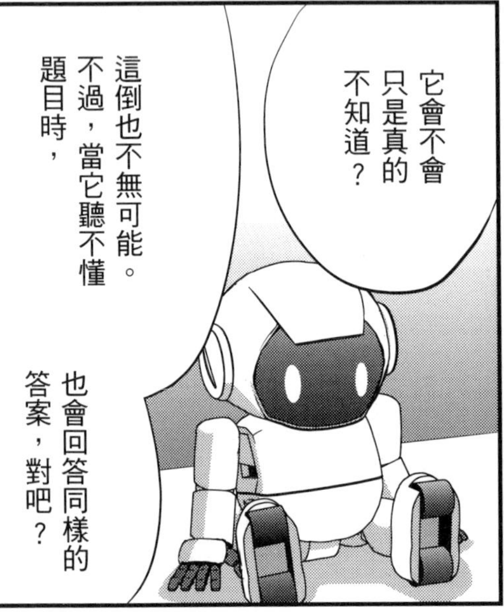
它會不會只是真的不知道？
這倒也不無可能。不過，當它聽不懂題目時，
也會回答同樣的答案，對吧？

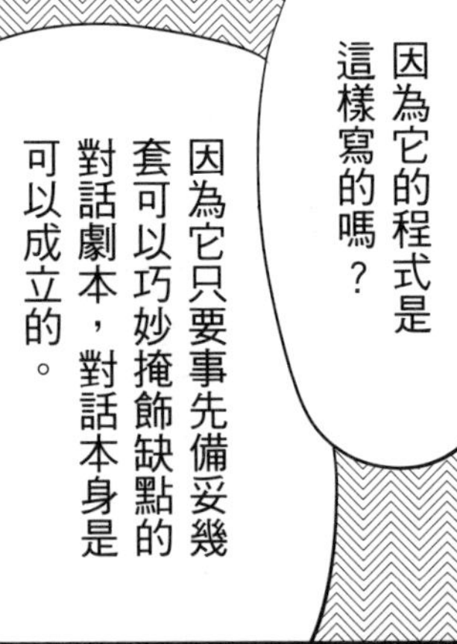
因為它的程式是這樣寫的嗎？
因為它只要事先備妥幾套可以巧妙掩飾缺點的對話劇本，對話本身是可以成立的。

那不就和早期的聊天機器人沒什麼兩樣？
早安。
睡得好嗎？
今天也要加油喔！
辛苦了。
從某個角度來說是這樣沒錯。

- 語音辨識能力提升，可正確聽懂人類說的話。
- 記憶容量增加，對話劇本的數量大幅彈升至截然不同的境界。
- 可參照儲存在網路等處的龐大資料庫，回應對話的範圍因而擴大。
- 已可根據文字內容、意涵來翻譯。
- 可大量學習常在文章中同時出現的詞彙，並在自己的回答中加入這些詞彙。

但這些地方都有進化。

像歸像，原來還是有進化呀。

不過，它們畢竟是從那些與題目相關性較高的關鍵字當中，找出答案來回答，這一點和人類的對話有些許不同。

妳的意思是說，喬巴並不是在理解談話的內容、目的之後，才應答對話？

嗯。不過，它現在已經可以先了解人類的情緒，再表達自己要說的話了。

ガチャ

喀喳

嗯？

裕太，你怎麼了？
我好像喝了太多果汁……
拉肚子了……
哇。
嘿，喬巴，你安慰一下裕太吧。

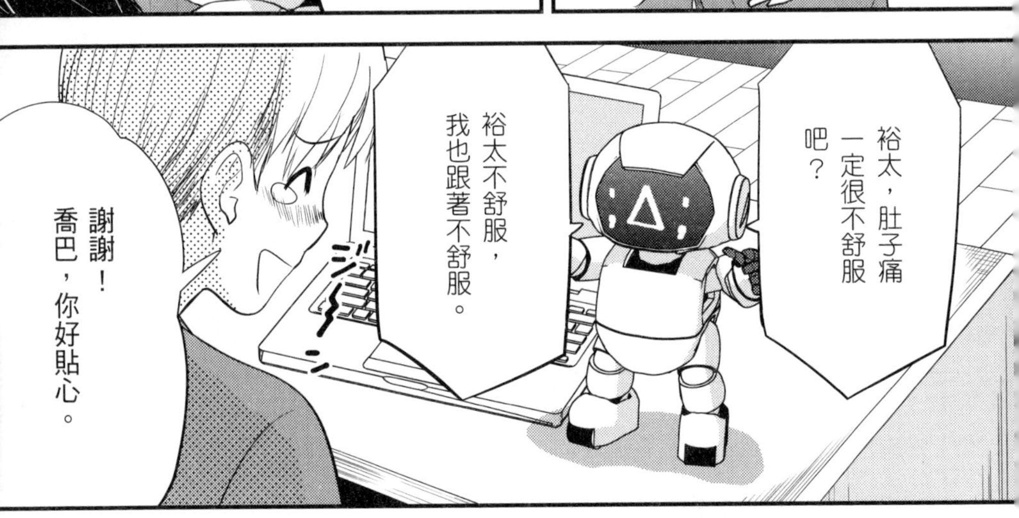

裕太，肚子痛一定很不舒服吧？
裕太不舒服，我也跟著不舒服。
謝謝！喬巴，你好貼心。

哇……竟然還可以做這樣的對話啊……
它只是先透過影像辨識，看出人類臉上不舒服的表情，再從對話劇本中找出該說的話而已。

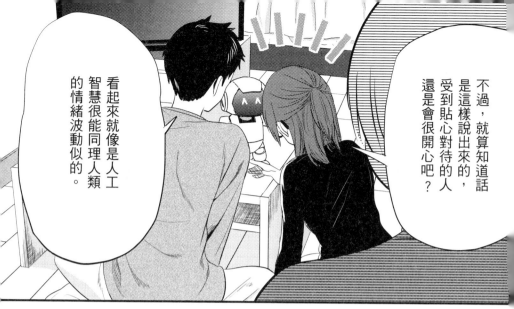

不過，就算知道話是這樣說出來的，受到貼心對待的人還是會很開心吧？

看起來就像是人工智慧很能同理人類的情緒波動似的。

嘿，喬巴，你不覺得誠司叔叔和京子姊其實還蠻登對的嗎？
喂！裕太！

……

不好意思，我不知道！
……答得還真妙。

1分鐘搞懂

深度學習為人工智慧開拓了揮灑的場域

深度學習有哪些應用？

人工智慧已經因為有了深度學習技術，而在
- 視覺能力（影像辨識）
- 聽覺能力（語音辨識）

方面，超越了人類。

那該怎麼運用？

因此，深度學習便開始實際應用在各種領域。

詳細內容請參閱 P.136 ！

❶ 在專業領域的應用

替代或協助嫻熟專業的專家，從事原本由專家所操作的工作。

醫療

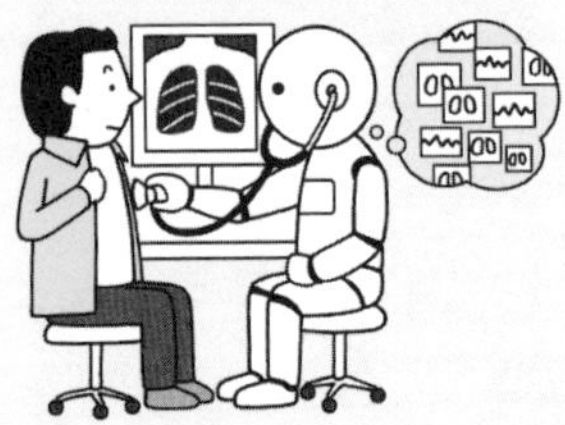

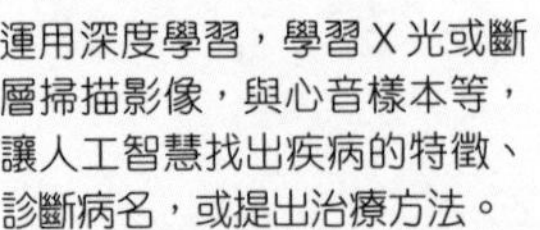
運用深度學習，學習X光或斷層掃描影像，與心音樣本等，讓人工智慧找出疾病的特徵、診斷病名，或提出治療方法。

工程

運用深度學習，學習建物的龜裂影像、或敲打建物所發出的聲響等，讓人工智慧找出建物老舊缺陷的特徵，進行檢修等。

詳細內容請參閱 P.138！

❷ 在電玩領域的活躍

在西洋棋、將棋、圍棋、益智問答等領域，人類已贏不過人工智慧。

除了強大的運算能力之外，人工智慧還從統計數據等資料中，找出了「致勝方程式的特徵」，培養出超越人類的實力。

詳細內容請參閱 P.140！

❸ 在創作領域的活躍

透過瀏覽或聆聽各種作品來學習，進而打造出新作品。

人工智慧透過學習特定畫家及繪畫作品，或特定音樂家及樂曲的特徵，已可用擬似的畫風或曲風，創作出繪畫或樂曲。

詳細內容請參閱 P.142！

❹ 預測未來

從龐大的統計數據當中，找出「會對未來造成影響的事」具有哪些特徵，並與眼前的現象做比較，進而預測未來。

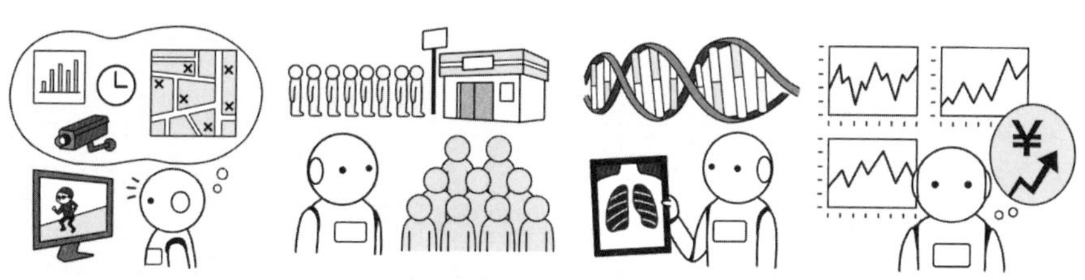

目前已可進行犯罪預測、來客預測、疾病預測和價格預測等！

視覺能力和聽覺能力都已超過人類

深度學習最大的優勢，就是影像辨識（**視覺能力**）和語音辨識（**聽覺能力**）。例如分辨人臉的人臉辨識、看照片說出被攝物體的物體辨識，以及將語音轉換為文章的語音轉換，這些都是目前已經實現的技術。然而，光是這樣，總讓人覺得還少了些什麼。因此，**一般認為在瀏覽作業當中難度特別高的醫療和工程領域，人類對深度學習的應用期待甚深**。

醫師會透過 X 光或內視鏡等檢查的影像，用聽診器聽心跳或呼吸，再判斷病人是否生病。工程師在判斷建築物是否老舊、機器是否故障時，目視檢查是不可或缺的舉動，而聽聽物體在敲打時所發出的聲音以確認它們的受損狀態，也是常見的檢修手法。

要由人工智慧來進行上述這些作業，乍聽之下感覺難度似乎相當高，不過，**我們其實可以運用深度學習的技術，讓人工智慧去學習「疾病的特徵」、「心音的特徵」、「龜裂的特徵」、「金屬聲響的特徵」等，就能辨得到**。可是，就算人工智慧的檢測準確度已達相當水準，人類還是要再次覆核。即使如此，只要人工智慧有助於降低檢查時可能發生的人為疏失，減輕人類的負擔，那麼還是有相當程度的好處。

換言之，**視覺能力和聽覺能力都有所進步的人工智慧，已可掌握必須是人類專家才能掌握的聲音或影像特徵**。這也讓人們想起了代替專業人士工作的專家系統，各領域也都已紛紛開始推動這項技術的實用化。

【小知識】

智慧型手機或電腦可用人臉辨識解鎖，網站上會主動將貼文裡的照片分類，還有出個聲音就能撥打電話的功能，都是因為具備視覺和聽覺能力的人工智慧問世後，所催生的產物。

該如何應用人工智慧的視覺能力和聽覺能力？

人工智慧透過深度學習的技術，獲得了視覺和聽覺能力。在各項高度專業的領域當中，已陸續開始推動此類人工智慧的實用化。

以深度學習技術學習過的人工智慧

視覺能力（影像辨識）

可分辨人類或物體的影像，或在分辨出來的每一張影像上貼標籤（名稱）。

聽覺能力（語音辨識）

可將聽到的語音內容輸出成文字，或聽懂人類以語音所下達的指令，並且聽命行事。

「在專業領域實際運用」

① 醫療

運用X光或斷層掃描的影像，以及心音樣本等素材來學習。

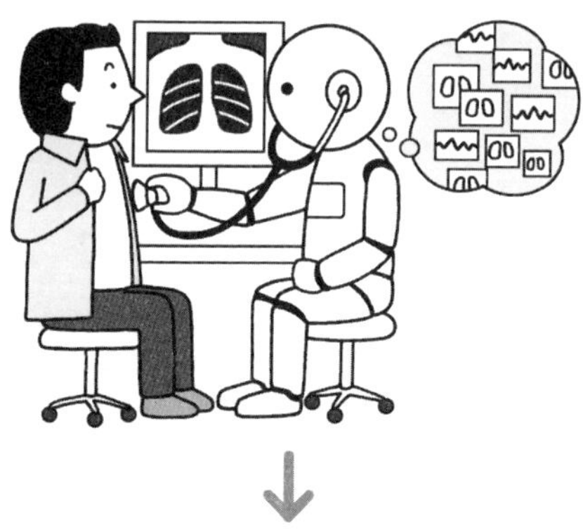

掌握疾病的特徵，
進而診斷患者罹患的病名
或協助治療！

②工程

運用建物的龜裂、或敲打建物所發出的聲響樣本等素材來學習。

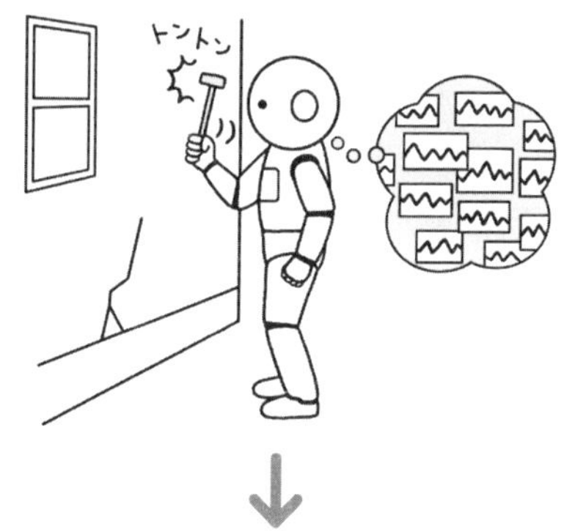

掌握建物或物體老舊等問題的
特徵，進而協助檢修、
檢查工作！

在電玩遊戲的世界裡，人類已經打不贏人工智慧!?

在遊戲的世界裡，已有多款能戰勝人類的人工智慧相繼問世，包括一九九六年的深藍（西洋棋）、二〇一一年的華生（益智問答），以及二〇一六年的阿爾法圍棋（圍棋）等。

深藍是一款典型的理論派產品。**它會鉅細靡遺地查遍所有可能的棋路，是一款仰賴電腦運算能力維生的人工智慧**。然而，由於當時的電腦運算能力有限，因此這種做法無法運用在每局對弈要用到較多棋步的將棋或圍棋上。

華生是一款專門用來處理自然語言的人工智慧。此外，它還運用網路，取得了極為龐大的知識資料庫。它在益智問答時，是以「分析」每個題目的答案而戰勝了人類。人類要憑著有限的知識，贏過記憶容量遠勝過自己的人工智慧，恐怕已經相當困難。

而以往被視為是人工智慧界一大難題的圍棋，也因為阿爾法圍棋的出現，使得人工智慧大勝人類。**阿爾法圍棋運用深度學習技術進行特訓，學習掌握「致勝棋步」和「有利局面」的特徵**。人類的圍棋棋士也會使用棋譜來進行訓練，而阿爾法所做的，就是與人類同樣的努力。**再加上它不斷地與人類或電腦對弈，並且運用增強式學習的技術，從中找出「未知的特徵」**，也就是自行找出棋譜上所沒有，但其實曾帶來好結果的棋步，更因此而戰勝人類。此後，情勢將會轉變成是由人類來研究人工智慧所創造出的棋步。

阿爾法圍棋的運作機制為何？

相較於將棋或西洋棋，圍棋在對弈時所用的棋步數多出許多，但阿爾法圍棋卻能在這個領域技壓人類頂尖棋士，因而一戰成名。

阿爾法圍棋（AlphaGo）

由谷歌（Google）集團旗下企業所打造的一款圍棋 AI。它在 2016 年 3 月時戰勝九段棋士李世 （Lee Se-dol），2017 年又擊敗另一位九段棋士柯潔（Ke Jie），一時蔚為話題。

深度學習

以過去的棋譜為教材，學習「致勝棋步」和「有利局面」的特徵。

＋

強化學習

透過與人類及電腦的對戰，發現「未知的特徵」。

AI 題外話

有些人工智慧會在電玩遊戲中刻意放水

人工智慧其實不只是在西洋棋或圍棋界，就連在電視遊樂器領域裡，也會出現與人類對決的人工智慧。只不過，出現在一般電玩遊戲裡的人工智慧，是為了要讓人類玩家玩得更盡興。

電玩裡的人工智慧，是由具備不同功能的多款人工智慧搭配合作，在遊戲裡大顯身手。然而它們存在的目的，並不是要把人類玩家打得落花流水。因此在設計上，會特別著重如何讓它們「演繹遊戲世界」的巧思。例如施展出令人覺得很聰明的戰略、適度追打玩家的策略，有時甚至還會刻意放水輸掉。

雖然迄今仍是由人類負責找出「讓玩家玩得盡興的方法」，再傳授給人工智慧。但有朝一日，當人工智慧懂得運用機器學習的技術，找出「人類玩家玩得盡興時的特徵」時，電玩遊戲裡的人工智慧，想必也會有所轉變。到時候，說不定就會出現許多既新穎又有趣，而且人類怎麼想都沒想到的電玩遊戲。

人工智慧為人類帶來感動的日子即將到來？

對人工智慧而言，像遊戲這種沒有明確規範的創造性領域，才是真正的難題。舉凡繪畫、作曲或小說創作等，這些行為的結果，都沒有正確答案。這種擁有無限可能而讓人不知該從何下手才好的領域，以往其實並不適合發展人工智慧。

然而，深度學習的問世，使得人工智慧終於在創造性的領域當中，也逐漸開始交出一些成績。**它們透過瀏覽人類的作品，巧妙地「模仿特定畫家或作品，畫出風格相似的畫作」、「製作類似特定種類或曲風的曲子」等。**雖然還僅止於「模仿作品」的階段，但人工智慧已能毫不費力地完成繪畫、音樂等講求創造性的任務。

人工智慧在語言理解力方面尚不及人類，因此還有很大的發展空間。不過，人工智慧也已經開始挑戰小說創作，**也就是先學習特定作家的作品風格及文筆，創作出相似的作品。**人工智慧雖然還需要借重人力輔助，但目前的確是連小說都會寫了。

人類的創作在自成一派之前，其實也是從模仿某人的作品開始起步的。起初總是諸事不順，也拿不出什麼上得了檯面的成績。但熬過這樣的日子後，才能成為一流。如果我們用同樣的思維來看待人工智慧，便很難斬釘截鐵地說它們在創作領域一定不可能成功。**未來世界說不定會是一個由人工智慧創作影片、音樂和小說，為人類帶來感動的社會。**

跨足創作領域的人工智慧

以往人類認為人工智慧較不擅長創作，但現在它們也開始跨足到了這個領域。而能有這樣的發展，也是拜深度學習之賜。

繪畫

讓人工智慧大量瀏覽特定畫家的作品，再將作品分為「構圖」、「輪廓」、「色彩」、「質感」等要素，讓人工智慧學習掌握各項要素的特徵。

↓

人工智慧就可以用該位畫家的畫風，畫出新的畫作！

音樂

讓人工智慧大量聆聽特定音樂家的作品，再將作品分為「樂句」、「和弦」、「節奏」等要素，讓人工智慧學習掌握各項要素的特徵。

↓

人工智慧就可以用該位音樂家的曲風，創作出新的樂曲！

AI 題外話

人工智慧還挑戰了電影編劇

由紐約大學協助開發的人工智慧——班傑明（Benjamin），寫了兩部電影短片的劇本，並由人類導演和演員實際拍攝成了電影作品。在這兩部作品當中，《Sunspring》是近未來的科幻作品，《It's No Game》則是講述在未來世界裡，編劇因為AI而失業的故事。

然而，或許是因為這兩個劇本完全未假人類之手的關係，劇中對白支離破碎，坦白說也沒人看得懂劇中究竟發生了什麼事，讓人類的編劇和小說家們鬆了一口氣。然而，如果把這個嘗試，想成是讓才剛牙牙學語的孩子編故事，那麼這樣的劇本，似乎是個想當然耳的結果。儘管人工智慧所編寫的電影劇本，目前還端不上檯面，但人工智慧的作曲和攝影功力，確實已有相當程度的進步。說不定到了未來，電影裡的劇本、配樂和拍攝，都可由人工智慧來擔綱。

人工智慧將成為預言家？

有個名詞叫做蝴蝶效應（Butterfly effect），是指「一件微不足道的小事，日後造成極大影響」之意。**假如一件小事就會大大地改變未來，那麼只要找出那件小事，就可以預測未來的變化**。然而，要由人類來觀察這些不知何時才會發生的小事，難度頗高，並不是一個實際的做法。

於是，這時候就輪到人工智慧上場了。**人工智慧可從龐大的統計數據當中，找出「會對未來造成影響的某些事」**具備哪些特徵，**再比較眼前正在發生的現象，進而預測未來**。這種技術目前已經開始實際運用在犯罪預測、來客預測、疾病預測和價格預測等方面。

以犯罪預測為例，人工智慧可從「地區犯罪件數」、「周邊環境」、「時段」、「居民前科」等資訊，預測哪些地區的犯罪率可能會升高，搭配「監視攝影機的畫面」，找出行跡可疑的人物。雖然這一連串的行動，都只是在實際犯罪發生前的預測，但由於警方在人工智慧發出警示的地區，會採取加派員警等因應措施，因此目前在防治犯罪及迅速破案方面，都已經很有斬獲。

上述這些預測未來的例子，都只是人工智慧目前可以做到的部分案例。將來或許有一天，人工智慧將可以預測到人類無法理解的遙遠未來，甚至被稱為預言家。

以人工智慧預測未來

人工智慧用它的觀察力，搭配上可分析龐大資料庫的分析能力，讓它可以做到相當高水準的未來預測。這項技術的應用範圍很廣，可用於多種不同的變化操作。

犯罪預測

從「地區犯罪件數」、「周邊環境」、「時段」等資訊，預測犯罪率可能偏高的地區，搭配監視攝影機的畫面，找出行跡可疑的人物。

來客預測

從店家周邊所舉辦的大型活動，以及過去的統計數據，預測人潮數量多寡，甚至還可進一步運用在預測商家營業額，或大眾運輸工具的輸運狀況等。

疾病預測

蒐集基因資訊與健康變化的相關資訊，並加以分析，預測人類未來可能罹患哪些疾病，就可預防疾病或早期發現病徵。

價格預測

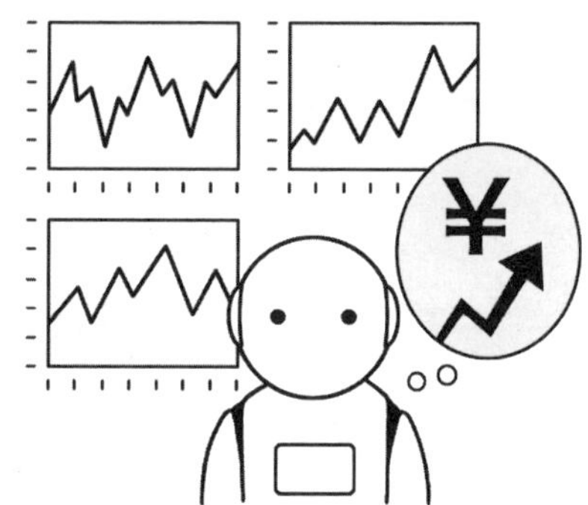

蒐集過去的歷史股價資訊和匯率變動圖表，並加以分析，就可預測股、匯價行情的波動。這項技術，對金融業界造成了相當大的衝擊。

能與人對話的人工智慧是如何誕生的？

1分鐘搞懂

自然語言處理有什麼發展？

相較於影像或語音辨識，
自然語言處理的發展比較遲緩。

原因在於……

詞彙語句有很多種不同的涵義，放在不同的狀況或脈絡下，意思就會有所不同。對人工智慧而言，這些沒有明確答案的題目，學起來相當費力。

人類運用網路上龐大的資料庫，
推出了多款可與人類對話的人工智慧。

例 人工智慧助理（Siri、Alexa）、Pepper 等。

這些人工智慧都是因為具備了高水準的語音辨識力、運算能力，還有龐大的數據資料，才得以成立。

具體內容包括……

\ 詳細內容請參閱 P.146！/

❶正確地聽懂人類說的話。

❷從資料庫中找出與提問或指示內容高度相關的關鍵字。

❸記憶了大量的對話劇本，並仰賴這些劇本來回話。

只憑這樣的機制，就能與人類對話！

自然語言在哪些領域推動實用化的發展？

在相對容易找出答案對錯的「翻譯」領域，目前已推動實用化。

然而……

自然語言既複雜又模稜兩可，
因此無法採用「A 就是 a」、「B 就是 b」的譯法。

那該怎麼辦？

詳細內容請參閱 P.148！

將字詞的語意數值化（字詞向量化，Word To Vector）！

當出現「鬱金香」時，就給「植物」、「花」、「色」等字詞高相關性的數值，分析出整個句子的數值後，再以趨近這個數值的方式翻譯。

鬱金香

植物	：	100
花	：	80
色	：	20

也就是看「語意的數值」高低來翻譯，而不是看字詞。

**儘管這種技術的應用，與人類理解語言的方式不同，
但目前已經開始看到應用的成果！**

與人類自然對話的人工智慧

現代人工智慧的對話能力，已有大幅的提升。它們透過網路蒐集了大量的對話實例，因此對於輕鬆隨興的口語，甚至是網路上的鄉民用語，都能做出適當的反應。

而其中最具代表性的例子，應該就是**人工智慧助理**了。它們搭載在電腦、智慧型手機、智慧型音響上，如今也運用在汽車上。**有人把它們稱為秘書或管家，它們能回應使用者用聲音所傳達的需求，而這一點正是它們的特徵。**舉凡「打電話給A」、「~點叫我起床」等庶務，到「告訴我前往家庭餐廳的路線」、「Goodbye的中文怎麼說？」等疑難雜症，使用者都能只出一張嘴，透過語音和人工智慧助理互動。

不過，從以往人工智慧「只是背了幾套對話劇本」的年代起，幾乎所有的人工智慧助理都沒有太多的成長。它們掌握了知識，懂得如何辨識聲音，所以才能表現得像是理解人類語言似的。事實上，它們只是記住了在統計上看來較常出現的對話劇本，並學會如何恰如其分地回應或應對各種狀況，如此而已。

具備許多知識的華生，也同樣能正確地回答人類所提出的問題。**這樣的互動，其實也只是找出與「題目」高度相關的「字詞」，並把它呈現出來罷了。**因此，有人認為這種對話只是「從結果上來看成立」——畢竟人工智慧做出那些宛如理解人類語言般的舉動，背後的機制其實與人類的大腦運作相去甚遠。

【**小知識**】

目前已有部分人工智慧，可在圖靈測試（測試者要透過對話，判定交談對象是人類還是人工智慧）當中，成功騙過三成以上的測試者。此外，目前除了有些商家會將Pepper溝通機器人擺在店頭之外，市面上也出現了會回答孩子問題的玩具。「人工智慧可與人類對話」這件事，已經變得很稀鬆平常、不足為奇了。

什麼機制讓人工智慧做出那些宛如理解人類語言般的舉動？

人工智慧不管是對字詞的認知，或為問題找出答案的方法，都與人類彼此間的對話截然不同。

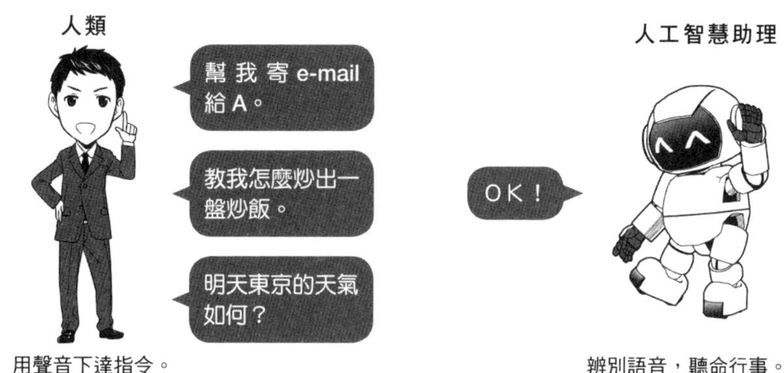

人類
幫我寄 e-mail 給A。
教我怎麼炒出一盤炒飯。
明天東京的天氣如何？
用聲音下達指令。
人工智慧助理
OK！
辨別語音，聽命行事。

什麼機制讓它們做出這些舉動？

人類
明天東京的天氣怎麼樣？
提到「明天」、「東京」、「天氣」、「？」……這是在提出問題。
「明天」是10月22日。
「東京的天氣」是……晴時多雲。
明天東京的天氣是晴時多雲。
只是先判斷對方是否提問，再挑選出關鍵字和相關性較高的資訊，並告知對方，如此而已。
人工智慧助理

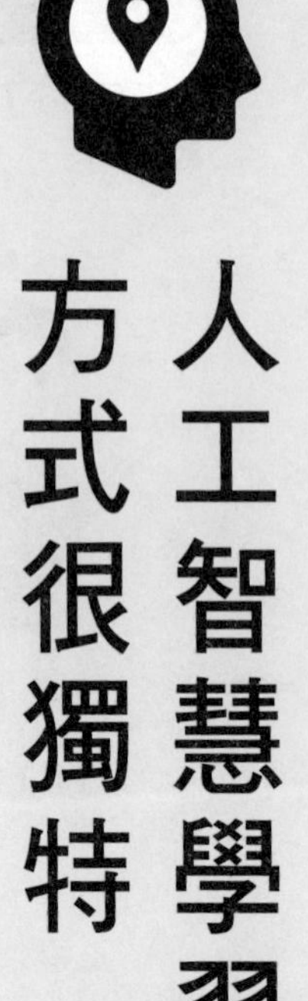

人工智慧學習語言的方式很獨特

影像或聲音的問答比較容易事先備妥答案，因此深度學習的發展也很快。然而，要讓人工智慧學習語言，卻不是件容易的事。這是因為傳達知識，和傳達語言所代表的涵義，兩者是不同的議題。知識就只是單純的資訊，而語言總是帶有某些用意或涵義。要讓人工智慧學習如何回答那些沒有明確答案的問題，是一件相當浩大的工程。

不過，**同是處理語言的任務當中，「翻譯」就有明確的題目（原文）和答案（譯文）。因此，目前翻譯界已多方運用深度學習。**

翻譯若只是以對照題目和答案來學習，人工智慧恐怕很難在這個領域成長。畢竟像中文的「是」、「不是」，或英文裡的「is」和「is not」等，很多語言中都有因為詞語些微變

同樣的字詞，表達的涵義或用意卻大不相同

很多字詞都可用來表達不同的涵義或用意，例如同音異義詞等。對人工智慧而言，要正確理解異義詞，是一件困難的苦差事。

我同事 B 老弟，聽說要被砍頭了。不知道他是不是一切都還好？

（是工作呀）那還真的是很糟糕欸！

人類

…………
（開除？身上的頭？）

**人類會從談話的脈絡等條件來判斷，
但人工智慧是從字彙的相關性來判斷！**

化，造成語意南轅北轍的案例。

於是，人類開始出現**「將字詞的意義化為數值」**（**字詞向量化，Word to Vector**）的嘗試。舉例來說，針對「鬱金香」這個詞，我們就先準備「植物」、「花」、「顏色」等具有相關性的詞，並各給一個相關數值，再用這些數值來表達一個暫定的意思。接著，再將組成一個句子時的各個字詞數值搭配組合，用語言所代表的意思，重新解釋整篇文章呈現的數值。翻譯時，是將句子用不同語言呈現，並調整內容字詞，直到代表語意的數值在兩種語言之間達到極為趨近的水準。**所以人工智慧其實並不是看字詞來翻譯，而是看「語意的數值」來翻譯**。

人工智慧只是將語言轉換成數字來處理，就說得好像能了解人類語言似的，這一點或許令人難以想像。不過這樣一來，人工智慧不但可以回答問題，甚至參加考試也能考出好成績。事實上它對「語言的理解」，和人類理解語言的方式，兩者截然不同。

人工智慧將語意數值化，進而理解語言

人工智慧是透過字句前後詞彙的相關性，增減語意的數值，進而判斷字詞的涵義。

何謂數值化？ 以「砍頭」為例，在人工智慧中會以數值來呈現具有相關性的字詞，例如「工作：60，不幸：50，身體：80，頭：60」

我同事 B 老弟被主管叫去談話，回來之後就很沮喪。
一問之下才知道他被砍頭了，不知道他是不是一切都還好？
人類

那還真是糟糕。
人工智慧

出現「主管」、「同事」，因此「工作」的數值上升。
出現「沮喪」，因此「不幸」的數值上升。
▼
了解「砍頭」=「開除」。

人工智慧將成為人類的好夥伴？

如今，人工智慧已能與人類對話，並遵循人類的口頭指令，聽命行事。光是這樣，就足以讓人工智慧的行為舉止像極了人類。此外，也因為影像辨識和語音辨識技術的應用，使得人工智慧已能從人類的表情或聲調，了解人類的情緒。接著人類又把情緒表現的機制加到人工智慧裡，所以它也能有自己的情緒感受。

人工智慧的言行舉止越來越像人類，人們便會對它萌生親切感，對它的存在也漸漸不再感到突兀。在這些技術的應用之下，孕育出了很有人味的人工智慧。它們有些會直接提供服務，有些會搭載在智慧型手機或機器人上，參與人類的生活。像 Siri 這樣的人工智慧助理，或 Pepper 這種溝通機器人，未

連情緒感受都能理解的人工智慧

儘管這些都只是程式操作的結果，但我們可以說：人工智慧因為有了情緒的理解和表達能力，變得更有人味。

情緒理解

人工智慧已可從人類的表情（影像辨識）和聲調（語音辨識）當中，了解人類的喜怒哀樂等情緒。

情緒表達

人工智慧已可了解人類的情緒，故能表達情緒。例如挨罵了就難過，獲得讚賞就開心，被忽略就顯得落寞等。

來都會持續增加，並在社會上普及，成為大家習以為常的存在。**而你我周遭隨時都有人工智慧相伴的生活，將逐漸成為常態。**

尤其是下一代的孩子，說不定從小開始接觸人工智慧，並和人工智慧一起成長，才是他們最自然的常態。換言之，人工智慧將成為如家人、朋友般的夥伴。**到時候，人工智慧可運用機器學習的技術，掌握我們的習慣、生活步調和興趣嗜好等，或許有時還能察覺到連人類家人之間都無從得知的內心世界。**

能為人類指點人生迷津的人工智慧早已問世，想必你我能向人工智慧傾吐愛情煩惱、職場牢騷的那一天到來，已是指日可待。**人工智慧的運用將會更多更廣，成為一個能常伴你我身旁、獨一無二的好夥伴。**

人工智慧隨侍在側的生活

想必在不遠的將來，從早到晚都有人工智慧隨侍在側的生活，將成為常態。

便利商店、餐廳

由溝通機器人負責接待客人。

打掃

由掃地機器人負責維護職場或學校的環境整潔。

起床

由人工智慧助理負責叫我們起床。

工作、上課

由人工智慧助理協助我們進行工作或學習。

通勤、通學

由自動駕駛的公車送我們到公司或學校。

column 4

和人工智慧一起成長——AI原生世代的孩子

網際網路開始普及，是在進入一九九〇年代以後的事。換句話說，對於目前20世代的這群人而言，電腦或網路已是一種「理所當然」的存在。這個世代的族群，當然從小就很熟悉如何操作電腦或網路，長大後運用起來更是得心應手，甚至還有人因此而創業，打造出了創新的商業模式。有人將這個世代稱為數位原生世代，而接下來，同樣的劇情也將會在人工智慧世代的身上重演，AI原生世代即將誕生。

孩子們駕輕就熟地操作智慧型手機的光景，如今已非罕見之事。而就在那些智慧型手機當中，許多應用程式（app）都搭載了人工智慧。它們或許只是供人玩樂的小玩具，但對孩子們來說，能和AI有這樣的互動，就已經足夠了。電玩遊戲AI就是一個很好的例子，它的技術水準，的確還不到可在產業界實際運用的地步，但光是「看起來像是有智慧」、「新奇有趣」，就能讓人充分享受到它所帶來的樂趣。只要大人不要求孩子遠離電玩，孩子們接觸到人工智慧的機會，其實比大人更多。如此一來，對孩子們來說，人工智慧自然就成了一個有如朋友、手足般親近的存在。

就像網路原生世代隨時都要上網一樣，和人工智慧一起成長的AI原生世代，生活上也時時都有人工智慧的陪伴。他們連社群網站和新聞都要透過AI來瀏覽，工作或讀書也都用AI來提升效率。到了這個地步，下一代的孩子們恐怕就不是網路成癮，而是要煩惱AI成癮的問題了。到時候說不定連這個問題，都會用AI諮商師來解決。

一路看著網路走過黎明期的大人們，當年根本無法想像孩子們今天都在用社群網站交流。同樣的，如今我們還無法預期孩子們活在充滿人工智慧的未來，會是什麼樣的光景。不論到時候孩子們會是什麼模樣，孩子就是呈現社會未來的縮影。我們大人該做的，不是強硬地阻止時代變化，而是引導孩子們走向正確的方向。

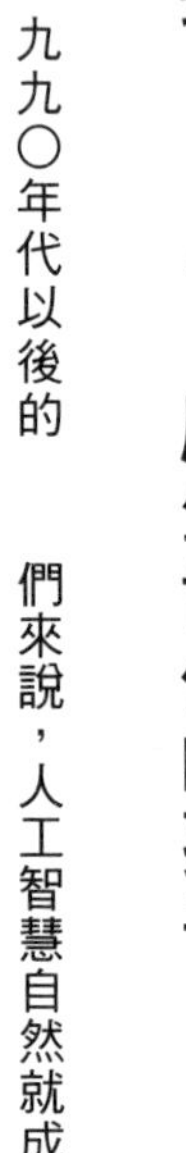

第4章
人工智慧將如何改變社會？

在醫療、金融、流通、教育、製造等業界，
都已實際運用人工智慧的相關技術，
案例不勝枚舉。
人工智慧已成了你我生活中不可或缺的要角，
而且今後，這個趨勢還會更加速發展，
社會也將不斷地變化。
究竟未來的人工智慧社會，
會呈現什麼樣的面貌呢？

因此，只要員工人手一台喬巴……

從與客戶洽談、簽約、採購、收貨、請款等交易資訊，都可即時與全公司共享。

哦～

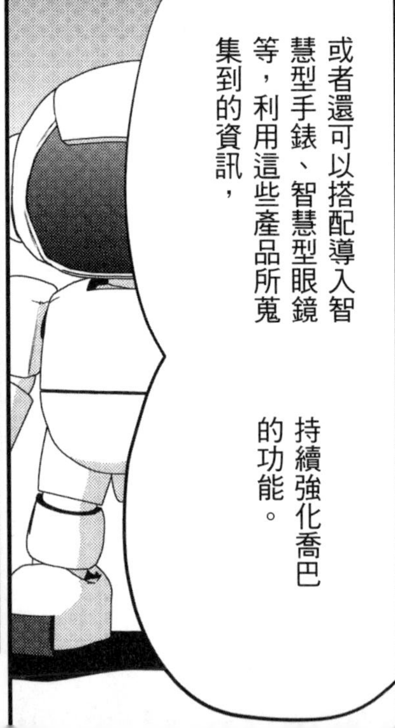

或者還可以搭配導入智慧型手錶、智慧型眼鏡等，利用這些產品所蒐集到的資訊，
持續強化喬巴的功能。

這是怎麼辦到的？
各位知道什麼是IoT嗎？
好像有聽過喔……
那是什麼啊？

IoT是Internet of Things的簡稱，也就是物聯網的意思。
如今已是一個連家電用品和交通工具等機器、裝置都要連上網路的時代。

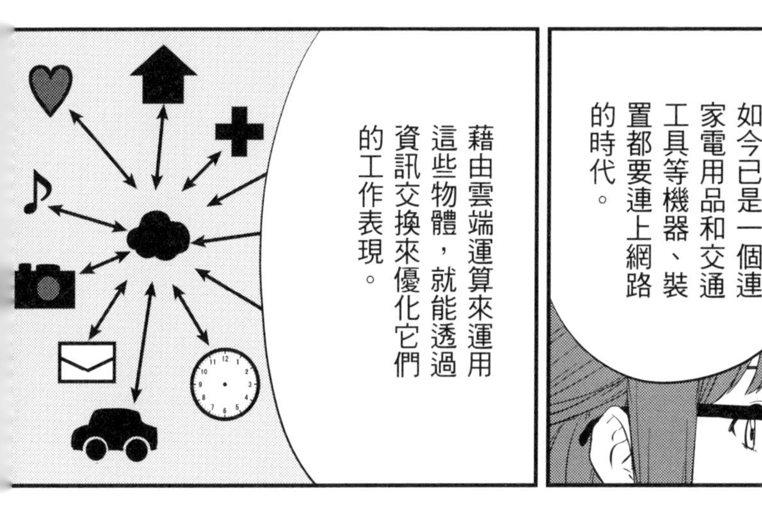

藉由雲端運算來運用這些物體，就能透過資訊交換來優化它們的工作表現。

資訊交換？
例如員工在外洽公時，就可透過雲端，操作已連上物聯網的裝置，
或操控空調設備。

不過，其實物聯網更重要的功能，是要讓我們從中獲取資訊。
人工智慧要得到更多資訊，也就是要有更多教材，才能變得更聰明。
以往，那些用來當作教材的資訊，說穿了其實還是人類準備的東西。
就是指「機器學習」吧。

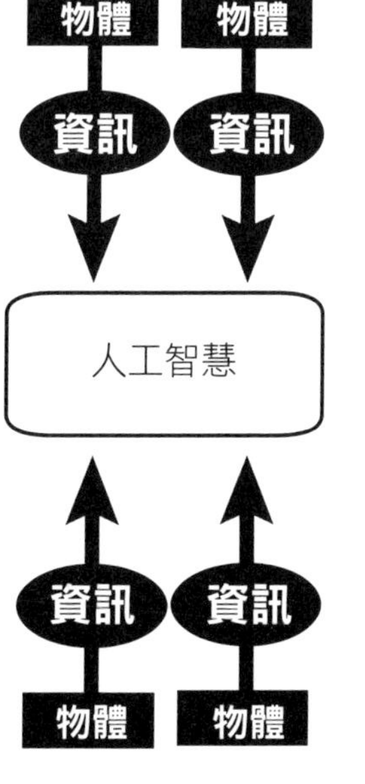

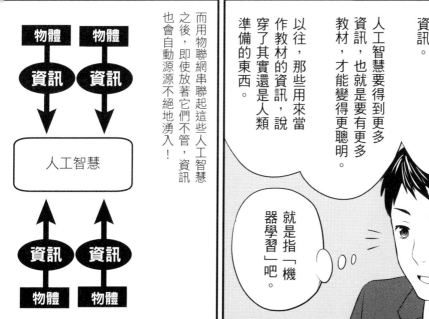

而用物聯網串聯起這些人工智慧之後，即使放著它們不管，資訊也會自動源源不絕地湧入！

妳想說什麼？

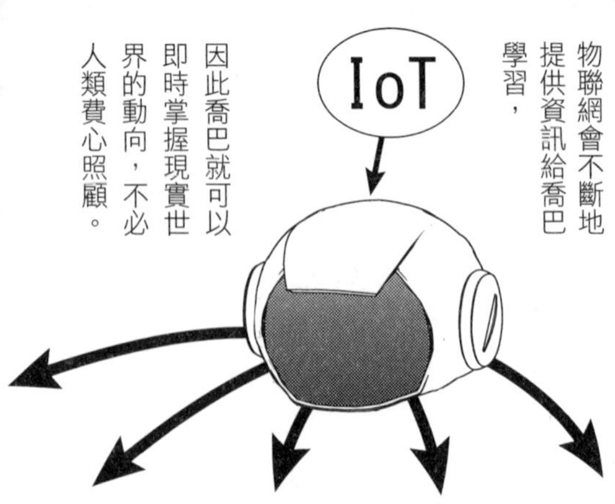
物聯網會不斷地提供資訊給喬巴學習，
IoT
因此喬巴就可以即時掌握現實世界的動向，不必人類費心照顧。

只要有越多人透過物聯網來操作物體，連上這個物聯網的人工智慧就會越來越聰明……是嗎？
沒錯！

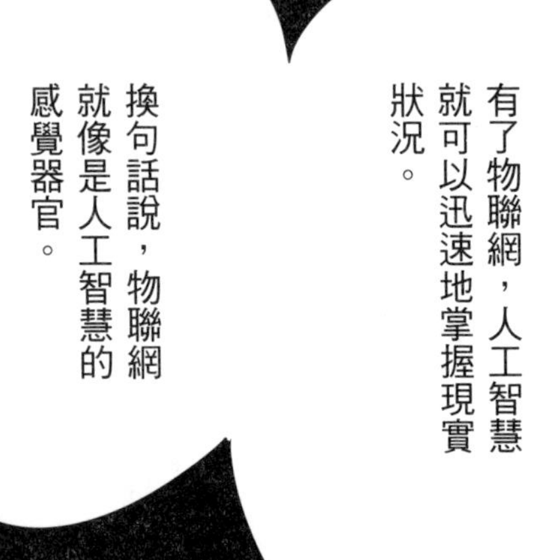
有了物聯網，人工智慧就可以迅速地掌握現實狀況。
換句話說，物聯網就像是人工智慧的感覺器官。

すげ～
太厲害了～

哎呀～今天真是太感謝妳了！
多虧有妳幫忙，才能讓公司裡的人了解人工智慧的功用。

你們公司的員工人數眾多，導入人工智慧的成本會比較高一些，
但效果應該會更明顯。

哎呀～你們在做什麼？約會啊？
嚇

你在胡說什麼！
我是去幫誠司處理工作啦！

唔～
工作的事我不懂，不過聽起來好威風喔！

對了，目前已經有很多人工智慧實際在做商業運用了，對吧？
嗯。

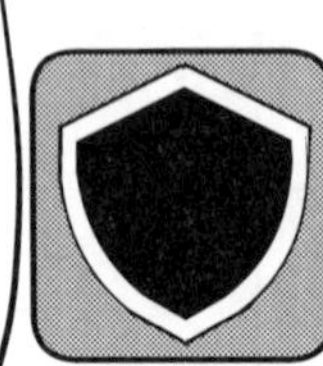

例如在製造業和金融業，因為各項條件都很適合導入人工智慧，所以非常普及。
其他像是醫療、物流或保全等業界，人工智慧也都已經切入，為你我的生活貢獻己力。

原來人工智慧已經在我們不知道的許多地方大顯身手了呀！
妳老實說，人工智慧越來越普及之後，會不會造成什麼影響？

人類應該會變得越來越「輕鬆」吧？
就這樣？
如果工作上的瑣碎雜事都能交給人工智慧處理，你覺得怎麼樣？

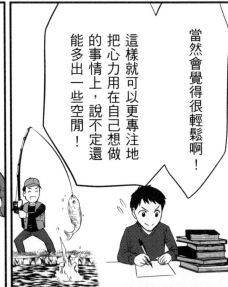

當然會覺得很輕鬆啊！
這樣就可以更專注地把心力用在自己想做的事情上，說不定還能多出一些空閒！

從公司的角度來看，導入人工智慧可減少用人數量，調降商品或服務的價格。
畢竟人事費用可不是一筆小數目。
商品、服務
員工
人工智慧

電玩遊戲要是能便宜一點的話，說不定爸媽就願意多買幾款給我了！
嗯，換句話說就是會提升我們的生活品質。

可是這樣就代表有些人要失業了，對吧？

的確，要是人工智慧成了萬事通，那就不需要人類來工作了。
果然如我所料……！
哇～

不過，人工智慧的普及，也催生了一些新的職業。
例如為客戶規劃如何更妥善運用人工智慧的顧問，管理人工智慧的工作等等。
就是妳今天做的事嘛！

還有，當初電腦和網路問世的時候，我們都以為自己可以悠哉了，沒想到有些人反倒還因此而變得更忙。
說的也是……況且還出現了「資訊」（IT）這個新的領域……
這份資料也要麻煩你今天做完～！

其實不管人工智慧再怎麼聰明，終究只是在扮演輔助人類的角色。

就算人工智慧診斷出了病人的疾病，就算監視攝影機發現了異常狀況……
後續該如何處理，還是要由人類來決定。

所以其實是有越來越多的人工智慧在協助人類，對吧？
沒錯！

原來如此。雖然大家都說它們聰明，但其實還蠻笨的嘛！
原來它們不會一下子就和人類立場對調呀！

唔……那可不一定喔。
啊？

有個假設的說法，叫做「技術奇點」。在這個論述當中提到，人工智慧總有一天會脫離人類掌控，自行進化，最終將發展到超越人類智慧的地步。
ギューン
咻
人類的智慧
這種事真的會發生嗎？

○ 00:01:00

就目前的科技而言是不可能的，但理論上並不是全無可能。

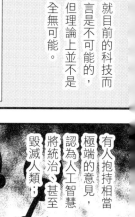

例如圍棋AI已經學完了人類所有的棋譜，透過自我對弈來持續追求進化。

當其他所有人工智慧都發生這樣的情況時，那個未來究竟會是什麼模樣，坦白說目前沒有人知道。

● 00:01:00

A.I-GO

有人抱持相當極端的意見，認為人工智慧將統治、甚至毀滅人類；

相反的，也有人認為人工智慧可能會發明出人類無法想像的新科技，讓人類全面進化。

聽妳講得像科幻片的劇情似的，我完全無法進入狀況……
畢竟叔叔你連喬巴都還沒辦法運用自如，對吧？

或許人類被人工智慧後來居上的未來，其實並沒有那麼遙遠……
メキ
ダダダッ
噠噠噠
你這小子！看我先把你變成笨蛋！

人工智慧將如何改變社會？

物聯網究竟是什麼？

為人工智慧開拓新的可能！

所謂的 IoT，其實就是物聯網（Internet of Things），
是一種運用網際網路，
將家電或交通工具串聯起來的科技。

↓

重點在於大範圍的資訊交換。

↓

詳細內容請參閱 P.164！

在雲端運算平台進行資訊交換

所謂的雲端，是一種透過網際網路提供儲存、運算能力和應用程式等服務的系統。

↓

透過物聯網的技術，從家電用品和交通工具等各種物體取得資訊，匯聚到雲端。

↓

這些資訊就成了人工智慧進行機器學習時的教材。

↓

加快人工智慧進化的速度！

越是頻繁使用物聯網中的物體，
物體上所搭載的人工智慧就會越來越聰明。

人工智慧如何普及？

商業上的變化
製造業
在工業機器人的鏡頭或感測器上搭載人工智慧，就能讓機器人更快速且正確地辨識物體，提高生產效率。
金融業
人工智慧能以過去的統計數據為基礎，預測股價波動，或提供投報率更好的投資建議，是金融科技的一種。
$
¥
農漁業
運用無人機噴灑農藥、巡查農田，或分析統計數據和天氣狀況，進而預測漁獲量和漁場位置。
日常生活上的變化
醫療
可分析病患的症狀，告知病名和治療方式建議的醫療輔助 AI 問世，且開始展現輔助成果。
物流
從接單、出貨、運送到宅配，都改由人工智慧操作，讓整個配送過程達到趨近無人化的水準。
治安
運用犯罪預測技術和監視攝影機賦予人工智慧的影像辨識能力，可即時發現街頭可疑人物。
購物
導入可透過鏡頭來辨識顧客長相和購買商品，並可以信用卡自動結帳的收銀系統，顧客就不需要擠在收銀台結帳。

IoT和雲端，讓人工智慧更進化

現今時代，可連網的裝置不只有電腦或智慧型手機，從家電用品到交通工具，樣樣都與網路相連。而這項技術，我們稱之為**物聯網（IoT）**。

物聯網技術的重點在於資訊交換，而資訊交換發生的地點，就在雲端運算平台（以下簡稱雲端）上。所謂的雲端，是一種透過網際網路提供多樣資源的系統。這些資源包括了儲存、運算能力和應用程式等。

物聯網結合雲端，將物體所傳來的資訊匯整在雲端上統一管理，把資訊交換變得輕鬆、簡單許多。其中又以在機器學習領域，最能展現這項技術的價值所在。

以往機器學習所用的素材，是人類蒐集、加工過的資訊；現在，機器學習所需的資訊，會從物聯網所串聯的物體上直接發送過來。舉例來說，**當某一款物聯網家電發生問題時，相關資訊會透過雲端，直接傳輸到同款家電的其他機體**。如此一來，其他機體就能用這個問題狀況來學習，避免問題再次發生。

雲端是在網路上運用的技術，物聯網則是用在物體上的技術，而人工智慧可同時在網路和物體上應用。**這三種技術，在需要高階精密智慧的自動駕駛汽車、無人機、機器人領域中，重要性更是舉足輕重。想成功開發出這些產品，雲端、物聯網、人工智慧都是不可或缺的要角。**

▼**儲存（storage）**
意指儲存空間。在雲端上用來儲存電子數據資料的空間，則稱為雲端硬碟。

▼**無人機（drone）**
可以搖控操作，或可自主飛行的小型無人飛機。依其用途不同，類型豐富多樣。

【小知識】
舉例來說，人類可透過雲端，操作連上物聯網的空調設備，趁著還在工作場所或回到家之前，就先打開冷氣。

透過雲端串聯的各種物體

現在這個時代，許多物體都以雲端為中繼站，連結網際網路。

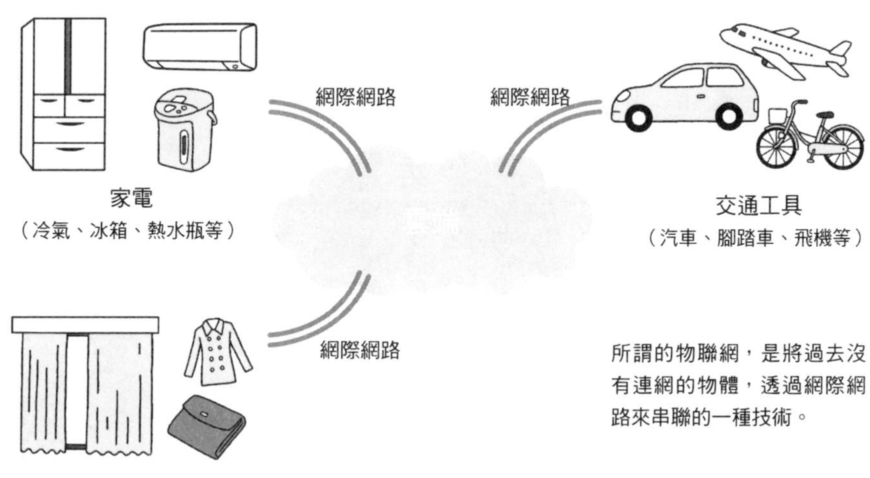

所謂的物聯網，是將過去沒有連網的物體，透過網際網路來串聯的一種技術。

這樣一來，世界會有什麼改變？

1 可將人工智慧運用在物體的操作上！

雲端上的人工智慧可透過網路，向已連結物聯網的物體下達指令。

只要連上網路，就可以讓物體變聰明，不必用到性能強大的電腦等高科技設備，令人嘆為觀止。

2 可運用在人工智慧的機器學習上！

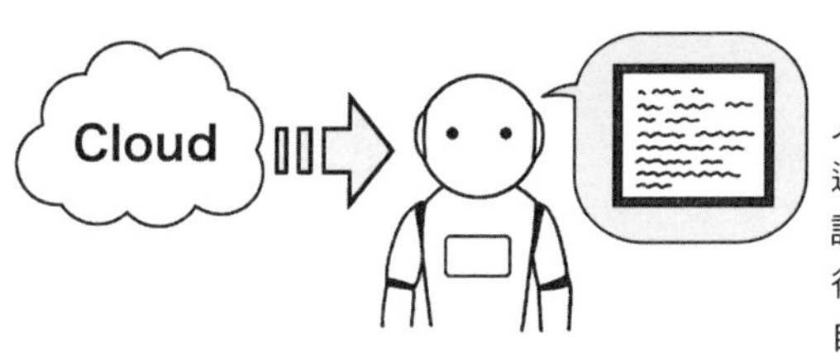

人工智慧可將透過雲端傳輸的資訊當作教材，進行機器學習，讓自己越來越聰明。

懂得如何將人工智慧運用得淋漓盡致，才能稱霸商場！

人工智慧的運用，帶來了「效率化」的益處，而受惠最多的，想必應該就是商業領域了。

舉例來說，製造業每天都要生產成千上百個產品，只要每一個產品的生產時間縮短五秒，就能為企業帶來莫大的好處。運用人工智慧的影像辨識技術，就能幫助企業實現上述這樣的時間精省方案。因為工廠裡的工業機器人裝有鏡頭和感測器，可用來進行物體辨識，若在這項技術裡加入人工智慧，就能讓製程更快速、更準確。

此外，在金融業界當中，結合金融與資訊技術的**金融科技**，也相當受到矚目。金融業所牽涉到的金錢，可透過數值來呈現，對人工智慧而言是個比較容易學習的領域。目前市面上已出現**為散戶投資人提供投資建議的人工智慧，也有懂得分析統計數據，進而預測股價波動的人工智慧**。

再者，在農漁業領域如何運用人工智慧，也是專家目前積極評估的方向。以農業來說，**就有運用搭載人工智慧的無人機來噴灑農藥、巡查農田，甚至是預測收成時期等應用**；而在漁業方面，**人工智慧可以過往的統計或氣候數據為線索，預測漁獲量或漁場位置**。

截至目前為止，因為人工智慧的應用而帶來莫大利益的案例，確實還很有限。有朝一日，想必所有產業都會加入運用人工智慧的行列。

廣泛運用在各行各業的人工智慧

從善加利用人工智慧的製造、金融等行業，到乍看似乎與人工智慧不太搭調的農漁業，都已開始廣泛運用。

製造業

運用的技術：影像辨識技術

如何應用：

將影像辨識技術搭載在工業機器人的鏡頭或感測器上，就能更快速、更精確地辨識物體，提高生產效率。

金融業

運用的技術：人工智慧被視為是一種金融科技（金融＋資訊），廣受運用。

如何應用：

以過往的統計數據為基礎，預測股價波動走勢，或提供投報率更佳的投資建議方案。

農漁業

運用的技術：影像辨識技術、未來預測技術

如何應用：

可運用無人機噴灑農藥、巡查農田，亦可藉由統計數據或天氣分析來預測漁獲量和漁場位置等。

維繫你我日常生活的人工智慧

人工智慧的進化，對我們的生活也帶來了一些影響。舉例來說，診斷疾病用的數據資料大多是數值或影像，兩者都是人工智慧比較容易學習的領域，因此醫師人力不足的問題，或也可能透過人工智慧來解決。**事實上，目前AI在醫療的應用已經有相當好的成效，輔助診療用的機器人甚至還能發現醫師的疏失。**

此外，人工智慧也很適合發展物流方面的應用。例如亞馬遜已將部分倉庫一半以上的業務自動化，未來預估將普及到幾近全面自動化的水準。還有，**用自駕車將商品從倉庫或門市配送出去，快到送件地點時，再用無人機將商品配送到府，就能讓整個配送過程趨近無人化。**這些敘述聽起來像是在作夢，但這些流程已通過相關測試，接下來就只等實際上路運用了。

還有，**透過影像辨識技術，搭配內建人工智慧的監視攝影機，以便從人群中找出可疑人物的運用實例，數量也持續攀升。**在日本這項技術更與早已成果斐然的犯罪預測技術結合，並導入試用。而警衛無人機的運用也已成常態，未來，透過人工智慧所打造的一雙雙監視電眼，或許將會遍布到社會上的每一個角落。

然而，日常生活畢竟與商業領域不同，變化的開展、擴散，想必是穩健、溫和的。今後，人工智慧應該會配合人們適應新科技的步伐，在生活中逐漸普及。

自動化物流的運作機制

如何依顧客需求，平安順利地將貨物運送到指定地點，在物流業界裡是很重要的關鍵。物流的自動化，能將所有因人而起的延遲降到最低。

倉庫

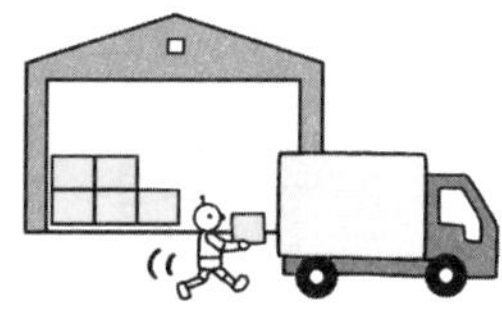

從接單商品的撿貨作業，到商品送上貨車，均由內建人工智慧的機器人執行。

自動駕駛汽車

由人工智慧負責駕駛配送車輛，人類則坐在車上陪同，扮演管理者的角色。

無人機

由無人機負責將商品從配送車輛上送到顧客家門前。

AI 題外話

結帳時不僅免掏現金，連收銀台都用不著!?

人工智慧的進化，勢必也將改變我們的購物習慣。電子錢包的問世，已讓現金的必要性漸減，未來或許根本就不需要到收銀台結帳——因為人工智慧的物體辨識技術，已超越人類的辨識水準，只要妥善運用商店裡所架設的攝影機，就可以知道「誰從店裡帶走了什麼東西」。而這些攝影機也能辨識顧客的長相，顧客一走出店外，商品立刻自動結帳，並從顧客事先登錄的信用卡或電子錢包扣款。國外已經出現了這樣的便利商店。

然而，無論技術本身再怎麼方便、再怎麼價值連城，都不見得會立刻在社會上普及。就像電子錢包雖然已廣受大眾運用，但現金仍深受擁戴一樣，新科技儘管方便，很多時候人們還是喜歡既往的做法。因此，人工智慧在日常生活中所帶來的變化，想必將會一點一滴地向外擴散。

1分鐘搞懂

人工智慧帶來未來的「美好」與「隱憂」

有了人工智慧，世界會有什麼不同？

就像是多了一批
願意領著低薪
賣力工作的勞工！

詳細內容請參閱 P.174！

不論工作單純或複雜，
都可交給人工智慧處理。

用來輔助人類的人工智慧

能為人力省事省力，例如人工智慧助理及自駕車等。

用來整合人工智慧的人工智慧

出現一種人工智慧，專門負責管理那些搭載在社會基礎建設裡的人工智慧。

↓

人類將有更多時間
可投注在自己想做的工作或興趣上。

↓

人事費用減少，產品售價也隨之下降。

↓

民眾的經濟負擔減輕，生活品質提升。

↓

人工智慧蘊藏著無窮的潛力，
能讓我們過得更輕鬆愜意，
並解決人類社會所面臨的問題！

人工智慧的普及，可能帶來什麼隱憂？

隱憂 ①

不再需要人類？

由於人工智慧將接替原本人類所從事的工作，因此人類活在這個世界上，可能不再需要其他人類的協助，或至少將有部分職業消失。

隱憂 ②

人際關係轉淡？

人工智慧可以成為人類的朋友、伴侶、家人，因此人類或許將不再需要仰賴其他人類，就能滿足自己的社交需求。

另一方面……

新事物也將應運而生！

詳細內容請參閱 P.176！

社會上將會出現
指導人類如何使用人工智慧的顧問工作，
或負責管理、維修人工智慧的工作等。

真的不會出問題嗎？

人工智慧統治人類的機率有多少？

並不是全無可能……

**只要加裝安全裝置或監視系統，
就能大幅降低這個風險。**

一切事物都因人工智慧而變得更「輕鬆」

人工智慧雖然已經有了和人類同等水準的眼睛和耳朵，但它們還有成長的空間。**隨著機器人科技的進步，人工智慧的視覺和聽覺能力，還可再搭配語言能力或觸覺，讓它們可以結合多種資訊，預測後續可能發生的情況。**人工智慧將因此而獲得更趨近人類水準的智力。

未來有了這些人工智慧和機器人之後，我們就可以生活得更舒適。如前所述，從商業層面到日常生活領域，人工智慧已無孔不入地擴散到社會生活的各種場景之中。

既然庶務雜事可以交給人工智慧處理，人類就能更專注在自己想做的事情上。只要我們能把部分專業工作或單純的勞力工作委由人工智慧負責執行，商品或服務的售價應該就會降低；商品的售價降低，人類的經濟負擔就會隨之減輕，生活品質也得以提升。**換句話說，人工智慧就像是人類找到的一批勞工，願意領著低薪，賣力工作。**

不過，即使克服了技術性的問題，人工智慧或機器人還是可能因為文化與制度面的問題，而無法順利地導入人類社會。**然而，像日本這種少子、高齡化不斷加劇的社會，應該要樂於接受這一批新的勞動力。**畢竟不論是培訓外國人，或以高薪聘請少數年輕勞工，都比不上用人工智慧來得便宜。

人工智慧蘊藏著無窮的潛力，能讓我們過得更輕鬆愜意，並解決人類社會所面臨的問題。

小知識

有了人工智慧的同步口譯，就能減少語言的隔閡——以往不敢聘請外國人的職場，可嘗試雇用外國勞工；服務業也能透過同步口譯，來為外籍旅客服務。如此一來，語言或許就不再是太大的問題。

人工智慧是解決「少子化問題」的最後一張王牌 !?

人工智慧能代替人類執行各種不同的任務。讓它們積極地參與社會活動，可能將成為解決少子化問題的最後一張王牌。

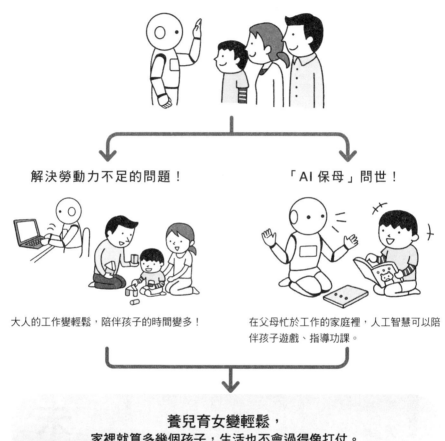

人工智慧在少子高齡化社會出現！

解決勞動力不足的問題！

大人的工作變輕鬆，陪伴孩子的時間變多！

「AI 保母」問世！

在父母忙於工作的家庭裡，人工智慧可以陪伴孩子遊戲、指導功課。

養兒育女變輕鬆，
家裡就算多幾個孩子，生活也不會過得像打仗。

說不定少子化問題就此解決 !?

或許養小孩的負擔減輕之後，家庭裡的子女人數就會開始變多。

人工智慧在社會上每個角落發光發熱的未來

人工智慧和一般的機器不同，它們特色之一，就是會自行運轉。不過，所謂的自行運轉，並不是在未經指示的情況下輕舉妄動，而是以最初所接收到的指令為目標，為了達成這個目標而奮力工作。它們雖然不會擅自逾越權限，但會在被授權的範圍內找尋自己該做的事。

具有這些特質的人工智慧，最適合從事的工作，就是輔佐人類。它們雖然會自動駕駛，但決定去向的終究還是人類；它們懂得如何判讀X光片，提出可能的病名，但負責做出診斷的終究還是醫生；它們能主動發現監視攝影機拍到的異常狀況，但研判是否派員警前往現場處理的，也是人類。人工智慧所做的，終究還是在當人類的幫手。然而，當它們遍布整個社會時，發揮出來的力量就會相當可觀。

到時候，人工智慧還會在人類看不到的地方工作——**因為在輔佐人類的人工智慧背後，將出現另一群輔佐它們的人工智慧。**如果散布在社會各處工作的人工智慧各行其是，那麼即使數量再多，也缺乏整合，有時甚至還會效率不彰，出錯釀禍。而**這時候就需要一個人工智慧，負責整合其他各種不同的人工智慧。**

在未來的社會裡，到處都隱藏著人工智慧。或許有人會覺得毛骨悚然，但其實身邊遍布著各種機器的生活，早已成為常態。**人類社會開始對人工智慧的如影隨形感到習以為常的那一天，想必終將會到來。**

輔佐人類的各種人工智慧

人工智慧已無孔不入地進入你我所有的生活場景之中，也許就是因為它們的通力合作，我們才能過著如此便利的生活吧。

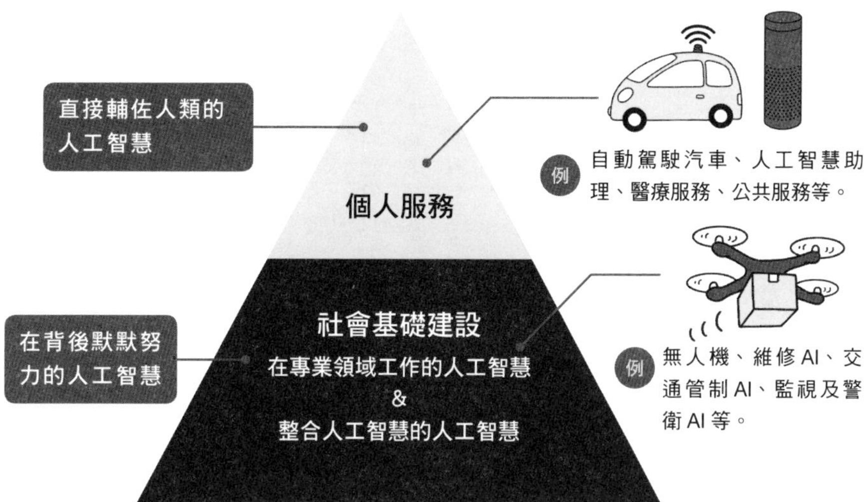

AI 題外話

整個城市都已智慧化的社會——智慧城市構想

當「直接輔佐人類的人工智慧」和「在背後默默努力的人工智慧」遍布街頭時，整座城市就會化身為一種近未來的城市，我們稱之為「智慧城市」。起初，所謂的智慧城市是指僅仰賴再生能源運轉，落實管理耗能的城市。然而，就在人類為了落實管理耗能，而推動城市基礎建設資訊化的過程中，出現了一種截然不同的可能——那就是妥善運用包括人工智慧在內的高階資訊技術，讓整座城市都「有智慧」的構想。

人工智慧在物流、醫療、社福、交通、治安等各種領域的廣泛運用，不僅讓能源得到妥善的管理，也讓人類得以打造出更經濟、更安全的城市。所謂的智慧城市，其實是一種未來型的城市——購物不必帶錢包、商品用無人機配送，還能在犯罪發生前就找出可疑人物。

人工智慧普及之後，是否就不需要人類了？

因為人工智慧的普及，而可能實際發生的一大隱憂，就是未來**人類活在這個世界上，可能不再需要其他人類的協助。**

另一個隱憂，則是可能會有部分職業消失。以往雖然也曾發生過機器或電腦取代人力工作的情況，但這個現象今後恐將在部分領域急遽深化。況且人工智慧具有「機器學習」這種卓越的學習能力，只要在一家企業裡創造出導入的成功案例，人工智慧就能應用這項導入成果，為同一業態的其他公司工作。而這種趨勢用不著十年、二十年，只要幾年就能蔓延、普及。**區區一件成功案例的出現，就能讓整個業界一夕之間風雲變色。**

再者，人際關係也可能因為人工智慧的發展而轉趨淡薄。人工智慧既能當人類的朋友，又可當戀人，還能成為家人的時代即將到來。**到時候，人類或許就不需要仰賴其他人來滿足自己的社交需求。**

另一方面，新的職業可能也將會應運而生，**例如指導人類如何妥善運用人工智慧的顧問工作等。**此外，就像在電子郵件的全盛時代裡，還是有人特別鍾情手寫的信件一樣，在人工智慧越是遍地開花，想必應該也會出現一些懂得從「人味」中找出價值所在的人吧。

就算人工智慧真的能幫人類處理各種大小事，但運用人工智慧的，終究還是人類。未來人類或許更需要識人之明，懂得如何去找出人類真正的價值所在。

【**小知識**】

野村總合研究所，以及牛津大學等知名研究機構，針對人工智慧所造成的影響進行過相關調查。結果發現：既有的職業當中，有將近一半都可用人工智慧取代。這些職業多半是較簡單、容易編寫出一套操作手冊的工作，例如電話客服專員、收銀員、服務生等。

成本降低，服務品質提升 !?

改用人工智慧來從事原本由人類擔綱的工作，就能同步降低人事費用，又提升服務品質。

例 在客服中心的自動語音答覆系統中導入人工智慧。

模式 ①

先由人工智慧接聽電話，若是人工智慧可以答覆的問題，就由人工智慧回覆。

模式 ②

只有在人工智慧無法回答時，才改由人類客服接手回覆。

- 客服中心的人力有一半以上都改用人工智慧，可降低人事成本。
- 「隨時都可與客服中心聯絡」的服務成為常態，促進服務品質提升。

新商機——人工智慧顧問

只要了解如何運用人工智慧，就能自行開辦事業，提供「指導人類如何妥善運用人工智慧」的商業服務。

陸續出現許多無法充分運用人工智慧的人。

辦公室或工廠裡已導入人工智慧，卻有越來越的公司老闆或工廠主管覺得生產力的提升程度不如預期，因而大傷腦筋。

為客戶提供建議，指導客戶如何善加運用人工智慧的顧問登場。

「你們選用的人工智慧種類不對」、「你們指派給人工智慧的工作錯了」、「數量太多了」等。

由顧問針對人工智慧的配置與工作分配，提出改善建議，以期讓人工智慧的能力可以發揮到極限。

總有一天，人工智慧將統治人類社會？

有些人針對人工智慧的發展，做出了最極端的風險預期——**也就是人工智慧可能與人類為敵，或統治人類等負面預測。**

只要運用的環境和方法得宜，人工智慧或機器人的確可以發揮出比人類更卓越的能力。再者，人工智慧是一種電腦程式，複製起來非常容易；機器人則是只要設備齊全，隨時都能生產。因此，人工智慧和機器人要在數量上超越人類，並非難事。

萬一人工智慧出了什麼差錯，成了人類的敵人，世界將會呈現什麼樣的局面呢？人工智慧要成為人類的敵人，可能因為程式錯誤（bug）、異常，或有人編寫惡意程式等，原因五花八門。**萬一真的發生，說不定會像科幻電影的劇情一樣，引發世界大戰，甚至人類還可能在戰火點燃後迅速滅亡。就算情況不至於這麼嚴重，人類還是有可能在不知不覺之中就被人工智慧統治。**倘若在機器人或軍事武器裡安裝了人工智慧，人類遭到統治的風險將會大增。只要有足量的人工智慧投入戰局，並成功佔領人類的生產設備，說不定就會真的引爆戰端。

然而，這些威脅爆發的機率極低。目前人類固然還無法斷言人工智慧毫無開戰風險，但發生的機率大概就和「核戰爆發毀滅世界」差不多。多數專家認為，人工智慧的聰明才智尚不至此，就算將來它們變得更聰明，只要人類將安全使用人工智慧的系統建置妥當，幾乎就可以完全消弭人工智慧所帶來的威脅。

【小知識】

全球行動電話的用戶合約數量早已超過全球人口總數。假如在所有行動裝置上導入人工智慧助理，人工智慧的數量就會瞬間超越人類。人工智慧充斥在整個地球上，數量之多更勝人類的日子，其實已經不是太遙遠的未來。

如何讓人工智慧社會更安全？

未來，由人工智慧毀滅人類、或統治人類的可能性很低。只不過，人工智慧還是可能會出紕漏，因此需要有一些確保其安全性的系統。

如果人工智慧社會到來……

當社會上所有基礎建設和公共服務等都由人工智慧負責管理時，些微的程式錯誤或異常狀況，就會對很多人造成影響。

可能導致異常的原因

- 程式裡有錯誤。
- 電腦中毒。
- 有人惡意改寫程式。

對策 ❶

加裝安全裝置

在人工智慧中加裝安全裝置，當人工智慧打算做出危害人類的舉動時，就立即停止運轉。

對策 ❷

打造監視系統

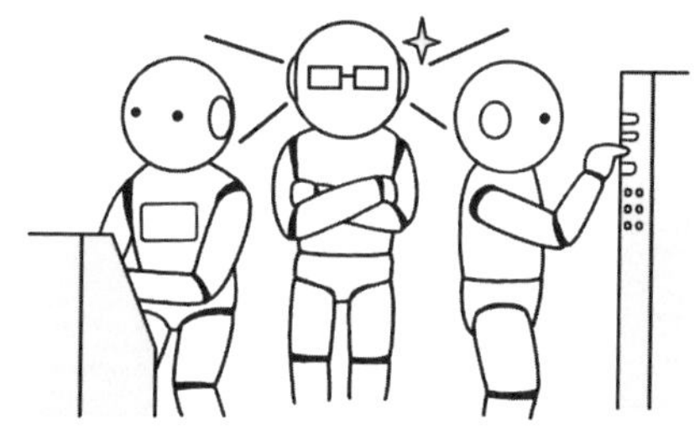

配置一些用來監視人工智慧運轉的 AI，當某些人工智慧打算做出危害人類的舉動時，隨即加以制止。

究竟什麼是「技術奇點」？

雖說目前「人工智慧不會發展到威脅人類存在的地步」，但是當人工智慧不斷進步，甚至擁有遠勝人類的智慧時，那可就說不定了——這樣的觀點，我們稱之為「技術奇點假設」。

所謂的技術奇點假設，是指人工智慧技術會在某個瞬間（技術奇點）出現爆炸性的進步，而人工智慧將成為超越人類智慧的存在。

這個假設的關鍵，在於能打造「高階性能人工智慧」的人工智慧問世。如此一來，「人工智慧自行打造人工智慧」的能力就會飛快進步，高階性能的人工智慧相繼誕生，於是人工智慧遲早都將超越人類。然而，截至目前為止，世界上還沒有任何一款人工智慧，有能力從零開始打造人工智慧。

不過，萬一技術奇點真的出現，人類社會將出現什麼變化呢？

毋庸置疑，整個社會都將為之一變：人工智慧成了如神佛般超凡入聖的存在，說不定還會想毀滅人類；或者也有可能一如既往，人工智慧願意繼續當人類的幫手。到時候，想必**人工智慧就能開發出新的技術，用人類無法理解的方法，讓人類從根本開始徹底進化。**

無論如何，就算技術奇點真的會發生，我們目前也還無法詳細預測人工智慧到時候將打造出什麼樣的未來。究竟會發生什麼事，現在誰也不知道。

何謂技術奇點？

技術奇點的關鍵，不在於「人工智慧究竟會變成人類的敵人，還是朋友？」而是在探討人類及社會的樣貌將因為奇點的出現而改變。

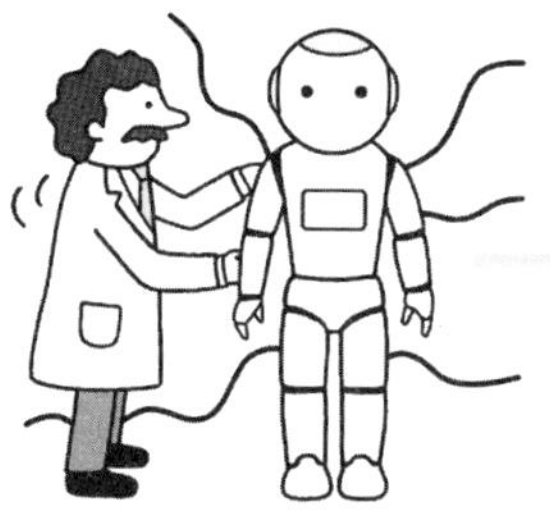

人類打造出會製造人工智慧的AI。

會製造人工智慧的AI，打造出比自己更聰明一點的人工智慧。

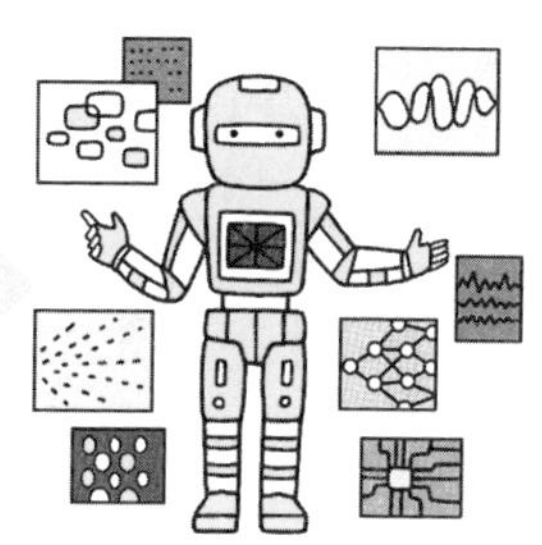

有朝一日，智力遠勝人類的人工智慧終將出現。

技術奇點!!

人工智慧會不會把人類變成生化人？

人工智慧會不會開發新藥，讓人類變得更聰明？

智力超越人類的人工智慧，的確有可能對人類懷有敵意，卻也可能研發出讓人類更進化的發明。

然而，技術奇點出現之後的未來究竟會如何發展，目前還沒有人知道。

column 5

從圍棋到戰略遊戲，人工智慧不斷嘗試新挑戰

由谷歌旗下的深智（Deepmind）公司所開發的人工智慧——阿爾法圍棋（AlphaGo），擊敗了圍棋界的世界頂尖好手，在全球引起了相當大的回響。就在世人以為AlphaGo將繼續精進棋藝之際，Deepmind卻宣布要結束AlphaGo專案，並選擇「星海爭霸Ⅱ」（StarCraft Ⅱ）這款戰略遊戲作為下一個挑戰的目標。這一連串的事件背後，代表了什麼涵義呢？

首先，在圍棋或將棋的世界裡，棋士可清楚看見對手每顆棋子所在的位置，並規定由對弈的雙方輪流移動棋子。只要有心，的確可以預測出對手可能選擇的所有棋步。以往大家普遍認為圍棋是同類遊戲當中，棋步選擇較多、難度極高的一種競技。如今AlphaGo已稱霸圍棋界，Deepmind至少應該是不必再繼續挑戰同類遊戲了。於是，他們相中了戰略遊戲。

「星海爭霸Ⅱ」是所謂的「即時戰略遊戲」（Real-time Strategy，簡稱RTS），它和雙方依序輪流出手的圍棋或將棋不同，在遊戲過程中要不斷地移動各個單位（棋子），就像置身在真實的戰場上一樣。再者，玩家在對戰時，只能掌握我方單位周邊的情況，無法隨時了解整個戰場上的狀態。又因為是「即時戰略」，所以下一秒可能發生的事件有無限多個選項。人工智慧要在這款條件設定有如真實世界的遊戲裡擊敗人類，絕非易事。

另外，既然是在遊戲世界裡的競技，或許就會有人質疑：「那和遊戲AI有什麼不同？」在「星海爭霸Ⅱ」這款遊戲當中，的確也有遊戲AI的存在。不過，遊戲AI已掌握了玩家的所有資訊，有時甚至還會施展出一般玩家所沒有的特殊規則，例如「生產出超強單位」、「製造出超多單位」等，以便與玩家戰成旗鼓相當。畢竟遊戲AI的存在，終究還是為了讓人類玩得開心。

面對這項新挑戰，人工智慧除了要具備圍棋AI所沒有的敏銳預測、計劃和判斷能力之外，還要有適度的協調能力。因此，一般認為它的應用範圍將會更廣泛，除了體育競賽和電玩遊戲之外，對研究、營造、能源事業也都有所助益。

第5章
洞悉你我與人工智慧的未來

目前，

可以完全取代人類的人工智慧尚未誕生。

人類與人工智慧雖有相似之處，

但基本上是截然不同的個體。

我們不妨思考一下：

這些差異究竟能碰撞出什麼火花？

兩者之間應該建立什麼樣的關係，

才能讓社會往更好的方向發展？

嗯……
！

ピチュン
嗶啾
ドバッ
咚啪
ゴゴゴー
轟轟轟

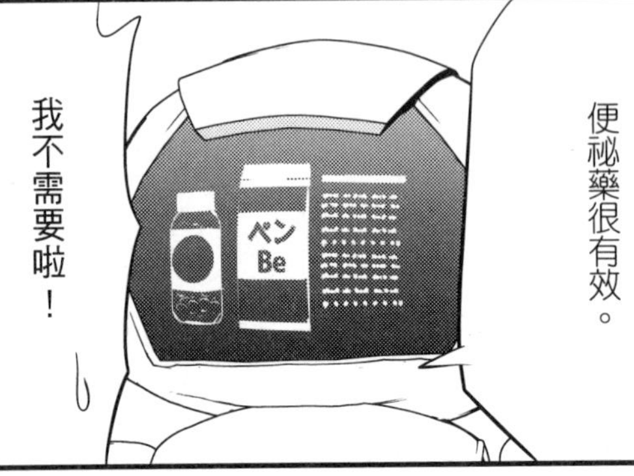
誠司，這幾款便祕藥很有效。
ベン
Be
我不需要啦！

咦？他在做什麼？
他說要從喬巴身上，思考人類未來該如何與人工智慧共處。

哇……

那有答案了嗎？
完全沒有……

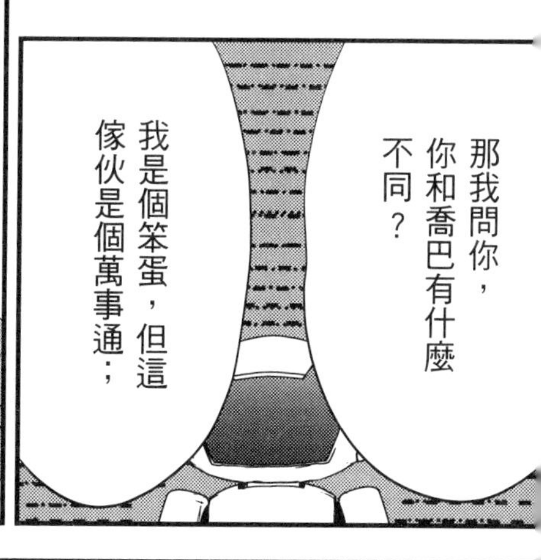

那我問你，你和喬巴有什麼不同？
我是個笨蛋，但這傢伙是個萬事通；

我一個人可以做很多事，但它會做的事情有限。
換句話說，人類是「廣而淺」，而人工智慧是「窄而深」。

我可以了解別人的心情，但它不懂；
我拚命工作之後會累，而這傢伙卻是做再多都不累。
簡而言之就是人類有主見、有感情，還會覺得累……
所以人工智慧就是沒有主見、沒有感情，又不會覺得累囉？

妳問這個是要……？
是想讓你知道，人類和人工智慧的強項和弱項是相反的。

啊……？
幫我把這些數字作成圖表～
遵命。
所以呢……只要彼此分工合作，各自負責擅長的事就行啦！

妳是說人類只要負責講求溝通技巧的服務業就好了嗎？
唔……倒也不是這麼粗略……

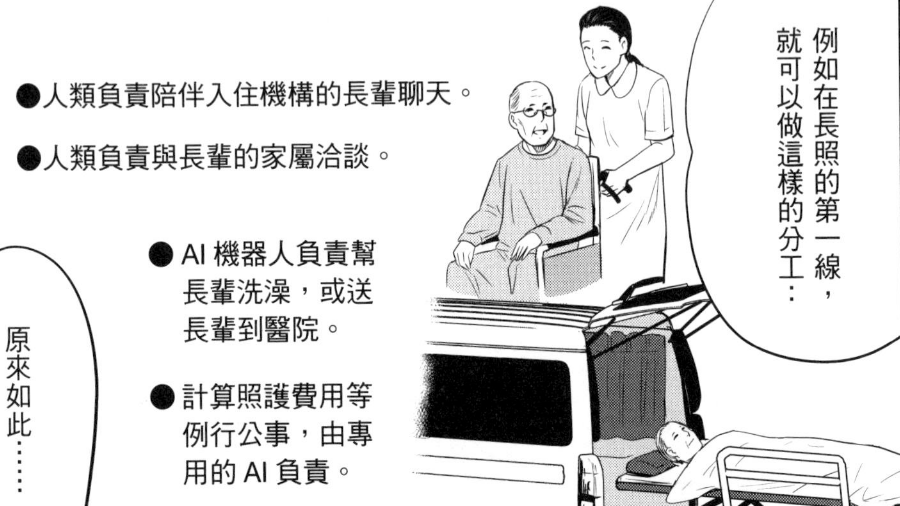
例如在長照的第一線，就可以做這樣的分工：
●人類負責陪伴入住機構的長輩聊天。
●人類負責與長輩的家屬洽談。
●AI 機器人負責幫長輩洗澡，或送長輩到醫院。
●計算照護費用等例行公事，由專用的 AI 負責。
原來如此……

其實目前已達實用等級的人工智慧，幾乎都是由好幾套專用AI各司其職，合力完成任務的……
喬巴也是這樣，對吧？
任務
AI
AI
AI

但喬巴可不會開車喔。

駕駛 AI In 喬巴
既然如此，要不要幫喬巴加裝一套會開車的人工智慧？

只會開車的 AI
與其如此，倒不如把這個任務交給自動駕駛的專用AI。
說得也是……

所以囉，多了解人工智慧，
用這個搭配那個……
思考如何分工才能讓人工智慧充分發揮實力，不也是人類的責任嗎？

原來營造一個利於人工智慧運作的社會，其實也就是在為人類建立舒適宜居的社會啊……
今後，我們的社會裡將有許許多多的人工智慧，對吧？那會是個什麼樣的社會呢？

舉例來説，如果自動駕駛技術發展得更成熟，街上應該就會有無人公車或計程車到處跑。
還有，街頭上會裝設監視攝影機。只要發現可疑人物，人工智慧就會主動通報，由員警到現場去處理。
而私家車的車上也會變成「行動辦公室」，讓人在搭車時也能工作，所以就算工作地點離得遠一點，都將不再是問題。
嘰——
先生，請等一下。
嚇！
真的很像近未來的科幻片情節吔！
對了，到時候人工智慧還有可能成為人類無可取代的好夥伴，就像家喻戶曉的機器貓卡通那樣喔！
裕太，如果喬巴以後一直都陪在你身邊，你會怎麼樣？
我會要它一直陪我打電動！

剛才它還在絕佳時機幫我施了恢復魔法，真的是救了我一命呢！
キラ
亮晶晶
キラ
亮晶晶
キラ
亮晶晶
那是因為你老是只顧著攻擊，喬巴才主動幫你掩護的吧？

這就表示喬巴很了解你，對吧？
嗯！
前幾天，我要喬巴把功課的解答告訴我，結果它竟然說：「你不太會解這種題目，應該多多練習喔！」嚇了我一大跳！

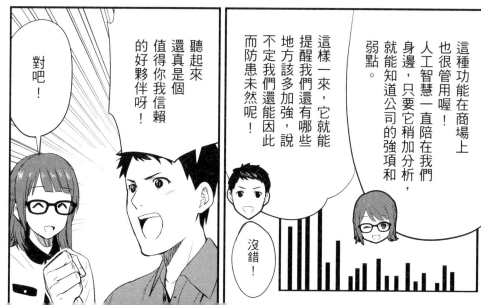

這種功能在商場上也很管用喔！人工智慧一直陪在我們身邊，只要它稍加分析，就能知道公司的強項和弱點。

這樣一來，它就能提醒我們還有哪些地方該多加強，說不定我們還能因此而防患未然呢！

沒錯！

聽起來還真是個值得你我信賴的好夥伴呀！

對吧！

對了！
嘿，喬巴……
這座地牢啊……
這座地牢過關之後，
公主就會……
哇～
不能劇透啦～！

雖然它有些地方
看起來的確很像
人類……
但還是不太一樣？

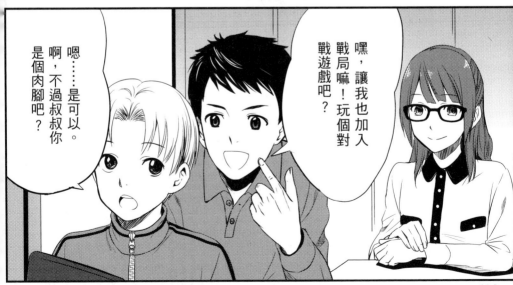

嘿，讓我也加入
戰局嘛！玩個對
戰遊戲吧？

嗯……是可以。
啊，不過叔叔你
是個肉腳吧？

那我跟喬巴一隊！
我知道了，我會掩護誠司。
喂～喬巴應該是我的隊友吧？
哇～京子姊，幫我主持公道～！
那我們就各憑本事，光明正大的一決勝負吧！
不過喬巴你可得要手下留情喔！因為你實在是太強啦！
遵命！
我會好好努力，讓大家都能玩得開心。

重新思考人工智慧與人類的不同

讓我們來複習一下人工智慧的發展歷程！

符號主義（理論派）
聯結主義（感覺派）

規則化

取得運算能力（推理能力）

知識表徵

學習能力

取得知識

電腦性能提升

網際網路

知識的累積

機器學習問世

提供數據資料

運算能力提升

深度學習問世

未來的人工智慧究竟會進化到什麼地步？

人類和人工智慧有何不同？

人類智慧是「廣而淺」

自己一個人就能全方位地把「眼看」、「耳聽」、「思考」、「言語」、「活動」等任務處理妥當。

人工智慧是「窄而深」

只能處理 1 ～ 2 項任務，例如「只會看」、「只能聽」等等，但可將該項任務處理得盡善盡美。

詳細內容請參閱 P.196 ！

如未事先了解人工智慧與人類之間的差異，恐將引起誤會。

- 人類和人工智慧掌握「知識」、「意涵」的方式不同。（參見第 194 頁）
- 人類「有主見、有感情，會疲倦」；
  人工智慧「沒有主見、沒有感情，不會疲倦」。
- 兩者處理語言的方式不同，因此人工智慧的言行不見得會一致。

那該怎麼分工？

人類

適合「創造新事物」、「追求效率化」、「處理預料之外的情況」等。

人工智慧

適合「該做的事都已有規範的工作」、「需要長時間持續正確無誤的工作」等。

「廣而淺」的人類與「窄而深」的人工智慧

截至目前為止，已有可在益智遊戲中擊敗人類的人工智慧，也有可與人對話的人工智慧，還有可以辨識影像或聲音的人工智慧，更有可以預測未來的人工智慧，以及可以操控汽車或無人機等物品的人工智慧等問世，種類五花八門。**這些人工智慧，都是人類依照它們的專長，提供合適崗位，才得以大顯身手的專用型ＡＩ。**

另一方面，人類的智慧向來以泛用性見長，基本上只要一個人，就能完成所有的知性活動。然而，像人工智慧一樣，在某個特殊領域擁有卓越才華的人類，卻很罕見。換言之，**人類的智慧是廣而淺，人工智慧則是窄而深。**專家學者目前也在研究像人類一樣的泛用型ＡＩ，但完成之日仍遙遙無期。

仔細想想，會有這樣的差異，其實是很理所當然的結果。**人類是為了「生存」而獲取知識，因此具備了可處理各種狀況的泛用性；相對的，人工智慧是以執行人類設定的任務為目的，所打造出來的產物。**大家對人工智慧的要求，不外乎是協助工作、代辦庶務等，就某種程度上來說，要求內容是固定的。若有一部可將特定任務處理得比人類完美的機器，和一部與人類同樣能把所有大小事都做得差強人意的機器，想必大多數人應該會選擇前者。

或許將來如人類般的泛用型ＡＩ會發展到成熟的地步，但那應該是很久以後的事了。了解人工智慧與人類之間的差異，是思考人類該如何與人工智慧共生的第一步。

重新思考人工智慧與人類的不同

以泛用性為強項的人類，和以專精一藝取勝的人工智慧，各有優點。

「廣而淺」的人類！

人類的智慧是用來生存的工具，因此具有可對應各種大小事的泛用性。

- 單獨一個人就能處理「眼看」、「耳聽」、「思考」、「言語」、「活動」等任務。
- 雖然幾乎沒有任何一件事能夠做到盡善盡美，卻能憑著恰到好處的模糊來維持平衡。

「窄而深」的人工智慧！

人類打造出人工智慧，就是為了讓它們完成特定任務，因此它們都各有一項專精的長才。

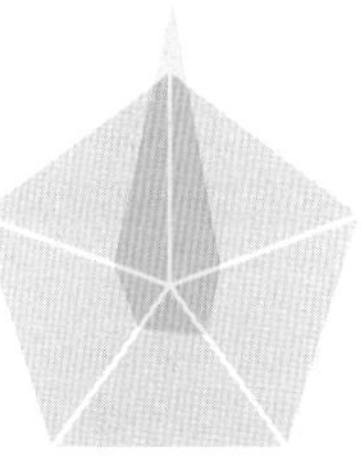

- 一套人工智慧只能處理一項任務，例如「只會看」、「只能聽」、「只負責想」等等。
- 多款人工智慧互助合作，才能處理泛用型的任務。

充分了解彼此的優勢，
以期能營造出彼此互補的關係。

如何與人工智慧互動，才能避免誤會？

人類與人工智慧對於「知識」或「語言」的理解方式，也有很大的不同。人工智慧對知識的掌握，僅止於它們與資訊之間的相關性；對語言的理解，則是將語意代換成數值來認知。因此，人工智慧才有辦法回答困難的問題，或進行語言翻譯。如果我們誤以為這樣的人工智慧「和人類一樣了解語言的涵義」，會發生什麼樣的問題呢？

當我們問人工智慧「碰到紅燈該怎麼辦？」時，就算人工智慧回答「該停車」，實際開車上路後，仍無法保證人工智慧一定會在紅燈時停車。原因在於它可能還不了解所謂「停車」的意思，就是指「用煞車讓車體完全停止」的狀態。因為若沒有程式下達指令，人工智慧就無法正確地聯結「停車」

人類與人工智慧在「語言」上的認知差異

即使人工智慧具備了正確的知識，不見得一定會依知識內容採取行動。如果誤以為它們和人類一樣，將引起誤會。

紅燈 = 停車	≠	停車 = 用煞車讓車體完全停止

若沒有程式來聯結這兩件事，人工智慧就會在遇到紅燈時，理所當然地踩下油門往前衝。

的「語意」和「動作狀態」，言行當然就會不一致。

那麼，當自駕車不聽人類指揮時，我們該如何因應呢？**此時不必擔心人工智慧是否叛變，也不必急忙敲破車窗玻璃逃生**。這種情況，研判應該是語音辨識或控制程式出現異常，我們要立即停止透過聲控來指揮車輛，並按下車內必備的「緊急停車裝置」或「手動駕駛裝置」。

其實不僅是人工智慧，各種物品都有它們正確的使用方法。只要是人類打造出來的東西，就無法保證完全不會出任何紕漏。因此，我們對於物品使用方法的了解，也應該要包括它正確的危機處理方式。**今後，我們都應該要認真地學習這些「和人工智慧互動的方法」**。

萬一人工智慧不聽使喚，該怎麼辦？

如果人工智慧出現異常動作，請立即設法停機，之後再從容地考慮該如何處理即可。

不服從人類指示，一路暴衝的自動駕駛汽車

啟動緊急停止裝置

按下緊急停止按鈕，切換至手動模式。這樣做只會關掉負責自動駕駛的人工智慧，汽車本身還是可以操控。

人工智慧的惱人舉動及誤解範例：

遊戲 AI	聽到「不能認輸」的指令後，為了不在遊戲中落敗，便一直到處逃竄，不再進行遊戲任務。
自駕車	聽到「走最快到達目的地的行駛路線」後，就開始往機場方向行駛。
監視攝影機	聽到「有可疑人物就要通報」的指令後，就連看到有人蹲在現場，也選擇通報處理。

人類與人工智慧該如何各司其職，共存共生？

人工智慧是和人類截然不同的東西，它們的思維、能力、特徵，都與人類南轅北轍。**若要說兩者之間有什麼共通點的話，就只有會的事情很相似而已。**人類和人工智慧都會運算，也會玩遊戲或開車，還能辨識出看過的東西。未來，人類和人工智慧能做的事，會有更多相似之處。

如此一來，人類的工作將逐漸減少。因為人工智慧沒有主見，所以不會討厭工作，更不會覺得累。話雖如此，但我們真的能把一切工作都交給人工智慧來處理嗎？

說穿了，機器是因為人類「想過得輕鬆一點」的念頭，才應運而生的產物。就因為人類是會感到疲勞的生物，才會催生許多能讓工作更有效率的獨特創意。**因此，「運用人工智慧來追求更好的效率」**這件事，堪稱**是最適合人類的工作。**

再者，專用型人工智慧的缺點，在於它們除了自己擅長的工作之外，其他一概不會。今後，人工智慧和機器人應該會走入服務、照護和醫療等產業的最前線，**但在這些無法預期客戶會出現哪些需求的環境裡，負責管理與協調的人類，絕對是不可或缺的要角。**

人類與人工智慧的確有一些相似之處，但也有一些差異。能充分了解兩者之間的共通點和差異點，妥善分工，共存共生，才能創造出更舒適宜居的社會。

人類與人工智慧的分工考量重點

人類與人工智慧雖然有些相似之處，但差異的部分也很多。能否在了解彼此差異的基礎上進行分工，將成為一大關鍵。

泛用型

人類

人工智慧

有主見、
有感情，
還會覺得累。

- 可運用「想過得輕鬆一點」的念頭，從事追求效率提升的工作。
- 即使處於「會出現意外需求」的環境下，也能妥善應對。

沒有主見、
沒有感情，
又不會覺得累。

- 會做的事都能處理得盡善盡美，而且做再多都不抱怨、不疲倦。
- 無法處理（不去因應）預期之外的突發狀況。

有主見、有感情才能做到的事，就交給人類；
不需主見、感情，要專用型才能做到的事，就交給人工智慧！

1分鐘搞懂

想像人工智慧與你我的未來

「近未來的人工智慧社會」是什麼？

例如在整個社會上……

＼詳細內容請參閱 P.202！／

交通

有了自動駕駛技術之後，汽車車內將發展成個人行動辦公室，讓人坐在車子裡也能工作，生產力更高。

醫療

運用人工智慧來分析個人醫療資訊等，以便在人類生病前提出警告。

保全

隨著犯罪預測及監視攝影機 AI 的準確度提升，當可疑人物出現時，警方就能隨即派員前往現場。

勞工

由人工智慧代替人類，從事那些單調或麻煩的工作，就能解決勞動力不足的問題。

在人際關係方面呢？

具備代理人功能的 AI 助理，會代替我們進行各項溝通。

＼詳細內容請參閱 P.204！／

AI 助理（代理人）是一款對使用者瞭若指掌的 AI，從興趣、嗜好到人際關係等，樣樣熟悉，可代替使用者執行各種不同任務。

- 可代訂我們喜歡或需要的物品。
- 可教導我們如何與朋友保持良好的人際關係。
- 可教導我們如何追求心儀的異性，諸如此類。

社會面貌將不斷改變！

我們能做什麼？

在即將到來的人工智慧社會裡，
發生的每件事，幾乎人人都不曾經歷。

只要使用得宜，人工智慧絕對會是人類的好夥伴！

要理解它、
接近它、嘗試它，
進而運用到
得心應手嗎？

要猶豫、
觀望，
或甚至是
遠離它嗎？

兩者之間將產生極大的落差！

那該怎麼辦？

總之先試著使用人工智慧，不管哪一種都好。

這一點很重要！

用過之後就會有一些新發現，例如「沒有想像中那麼聰明」、
「生活變得比較輕鬆一點」、「如果再有這些功能就更好了」等等。

人工智慧漸漸變得和藹可親……

邁向與人工智慧共生的未來！

試想你我與人工智慧共生的近未來

根據專家的預測，到了二〇三〇年時，在近未來社會當中，人工智慧將於各個領域大顯身手。

會對人類生活帶來最大影響的，是自動駕駛汽車。**由於無人計程車和汽車共享制度的普及，人類不必買車養車，也能隨時搭車到想去的地方。**到時候，應該就能減輕大貨車駕駛的負擔，無人機運輸也會越來越常見。

衝擊程度居次的是醫療業。醫師的所有業務都將會有人工智慧輔助——**由醫療AI負責預先診斷，動手術時也會派出人工智慧機器人上場。**

保全業界也會風雲變色。**包括一般家庭在內的所有建築物，都會引進兼具待客和打掃功能的多功能警衛機器人；內建人工智慧的監視攝影機遍布大街小巷，隨時睜大眼睛監看四周。**

在勞工方面，由於人工智慧的導入，減輕了人類處理庶務雜事的負擔，許多人因而得以專注於更有創意和價值的工作。各行各業的服務品質提升，而物價卻下降，人們的生活品質也將更精緻。此外，**市面上還會出現一些運用人工智慧所打造的新商業模式，想必也會有越來越多人因此而發大財。**

除此之外，未來社會將出現各式各樣的變化。這裡主要介紹的是比較正向光明的一面，然而，也有人提出警告，指出未來社會可能會有越來越多因為隱私權、或因為人工智慧故障所引起的糾紛。或許此刻我們應該再次思考：我們究竟想要一個什麼樣的未來。

▼**AI100：人工智慧百年研究**
由史丹佛大學所製作的一份報告，每隔幾年就會更新一次，藉此持續預測並討論人工智慧在今後百年的發展。

想像近未來人工智慧的樣貌

人工智慧進化的速度日新月異，預估在不遠的將來，人工智慧就會讓整個社會改頭換面。

除了前頁所舉的例子之外，自駕車還能讓人類在搭車時處理其他事務，將車內空間發展成「個人行動辦公室」，讓通勤不再是太大的問題。

醫療領域
病患可於出現明顯症狀前，向醫師或藥劑師諮詢，還能取得藥劑的處方！
有感冒前兆。

由人工智慧負責管理個人醫療資訊（如基因資訊、病歷和用藥史等），人工智慧就能進行疾病預測，或提出用藥建議等。

保全
針對是否讓人類社會淪為「監視社會」這一點來說，導入人工智慧的確能改善治安，是一大優點，但同時也會引發隱私保護的問題。

導入用來預測犯罪的人工智慧之後，可優化警力配置，搭配監視攝影機的監控，警方就可以迅速派員前往案發現場。

勞工
有些人懂得如何運用人工智慧所帶來的便利，有些人則不然。兩者之間可能產生極大的階級落差。

像日本這樣的少子高齡化社會，尤其希望能透過人工智慧的導入，來解決社會上勞動力不足的問題。

扮演代理人角色，成為你我不可或缺的好夥伴！

用人工智慧來當作一種溝通的工具，讓人類看到了更多不同的可能。目前市面上已有多款可陪人類聊天說話的人工智慧，例如智慧型手機內建的人工智慧助理，以及聊天機器人等。

透過這樣的對話，人工智慧應該會更了解人類。它們可以對使用者的一切資訊，包括興趣、嗜好，到人際關係等，全都瞭若指掌。有時甚至還會教我們該如何與吵架鬧翻的朋友重修舊好，或該怎麼追求心儀的異性。

此外，透過不同人工智慧彼此之間的資訊交流，人工智慧可於最恰當的時機，為使用者提供最需要的資訊。舉例來說，當人工智慧察覺到使用者需要某項物品時，它就會主動向線上購物網站的人工智慧諮詢，用最理想的價格找到合適的商品，再向使用者提出建議。若能培養出這種對個別使用者瞭若指掌的人工智慧，就可以用它們來當作人類的**代理人**——因為它們能將使用者的狀態正確地傳達給其他人工智慧，為使用者拓展更多可能。

在商業上，人工智慧代理人也能派上用場。由代表各方公司的人工智慧出面進行對話，整合出對彼此公司都有利的交易內容後，再帶回各自公司，向自家公司的經營高層提報。**未來，「有問題就先找人工智慧商量」的諮詢模式，說不定真的會成為個人和企業的常態。**

▼**聊天機器人**
專為對話所開發出來的程式。它們多半是屬於人工智慧的一種，不過有些聊天機器人只用相當簡易的機制維持運作，有些則未被列入人工智慧的範疇。

當上代理人的人工智慧

有了對自己瞭若指掌的人工智慧，在人際溝通上也能帶來很多益處。

人工智慧代理人

從使用者的興趣、嗜好，到人際關係，甚至是想從人際關係中得到什麼等等，所有資訊皆能掌握。為提供使用者想要的事物，人工智慧代理人會先與其他人工智慧協商做準備。

案例❶　和朋友的關係鬧僵

他是在氣你遲到的事啦。
他說只要你道個歉，就會原諒你。

由我方的人工智慧代理人出面，和對方的人工智慧代理人交換資訊後，為使用者提出最理想的破冰方案，甚至還能發現兩造之間的誤會。

案例❷　想追求心儀的異性

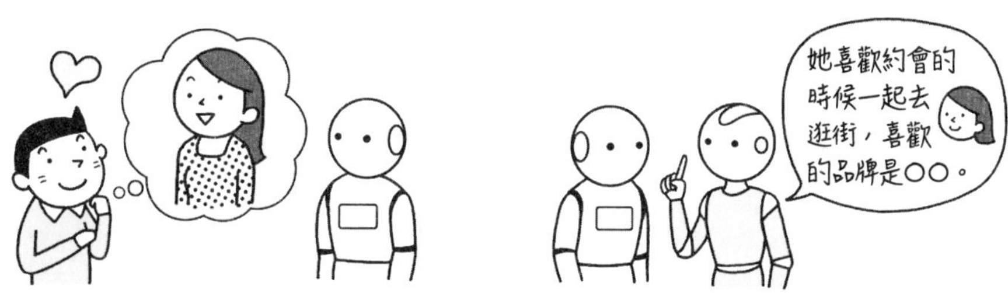

她喜歡約會的時候一起去逛街，喜歡的品牌是○○。

由我方的人工智慧代理人出面，向對方的人工智慧代理人打探對方的喜好等消息後，為使用者提出成功機率最高的追求方案。

結語

與人工智慧共生的未來

人工智慧的出現，將改變這個社會。在人工智慧社會裡，發生的每件事，幾乎人人都不曾經歷。只要使用得宜，人工智慧絕對會是人類的好夥伴——懂得這一點的人，就會主動接近它、嘗試它，進而運用到得心應手，和那些還在躊躇不前的人拉開差距，向前邁進。那麼，為了跟上時代的腳步，我們究竟該怎麼做才好呢？

一開始要做的事很簡單，就是試著去使用人工智慧。不管是人工智慧助理也好，聊天機器人也罷，甚至是對話遊戲的角色也無妨。請各位勇於接觸人工智慧，試著使用它，進而對它有個大致的了解。在眾多人工智慧當中，有些根本名不符實，也有些不怎麼聰明。

實際使用過之後，多數人的感想應該會是「沒有想像中那麼了不起」，這樣反而是個很不錯的經驗。

請各位試著實際運用、並親身感受人工智慧的能耐，進而正確地了解目前的人工智慧技術究竟發展到什麼水準，可運用在哪些地方。如此一來，至少應該就沒人會想像現在的人工智慧進化之後「將毀滅人類」之類的事了；反之，還認為只要有了人工智慧就能凡事無往不利的人，應該也只會是少數。

人工智慧的眼界，其實比我們想像的還要更狹窄一點，個性頑固而專一。但只要為它們框限出特定的工作內容，它們就會聰明伶俐到令人驚嘆的地步——人工智慧就是這麼平易近人的東西。

三宅　陽一郎

圖解

全圖解！AI知識一本通：用故事讓你三小時輕鬆搞懂人工智慧

2019年8月初版　　定價：新臺幣280元
2024年6月初版第二刷
有著作權・翻印必究
Printed in Taiwan.

監　　修　三宅陽一郎
漫　　畫　備前やすのり
撰　　稿　三津村直貴
譯　　者　張嘉芬
叢書主編　李佳姍
校　　對　林碧瑩
封面設計　捌子

本文デザイン　谷関笑子（TYPE FACE）
DTP　荒井雅美（トモエキコウ）
イラスト　瀬川尚志
編集協力　パケット

出版者　聯經出版事業股份有限公司
地址　新北市汐止區大同路一段369號1樓
叢書主編電話　(02)86925588轉5320
台北聯經書房　台北市新生南路三段94號
電話　(02)23620308
郵政劃撥帳戶第0100559-3號
郵撥電話　(02)23620308
印刷者　文聯彩色製版印刷有限公司
總經銷　聯合發行股份有限公司
發行所　新北市新店區寶橋路235巷6弄6號2樓
電話　(02)29178022

副總編輯　陳逸華
總編輯　涂豐恩
總經理　陳芝宇
社長　羅國俊
發行人　林載爵

行政院新聞局出版事業登記證局版臺業字第0130號

本書如有缺頁，破損，倒裝請寄回台北聯經書房更換。　ISBN 978-957-08-5355-1 (平裝)
聯經網址：www.linkingbooks.com.tw
電子信箱：linking@udngroup.com

MANGA DE WAKARU JINKOCHINO
Copyright © 2017 by K. K. Ikeda Shoten
First published in Japan in 2017 by IKEDA Publishing Co., Ltd.
Traditional Chinese translation rights arranged with PHP Institute, Inc.
Through Keio Cultural Enterprise Co., Ltd.
Traditional Chinese edition copyright by LINKING PUBLISHING Company

國家圖書館出版品預行編目資料

全圖解！AI知識一本通：用故事讓你三小時輕鬆搞懂人工智慧/三宅陽一郎監修．備前やすのり漫畫．三津村直貴撰稿．張嘉芬譯．初版．新北市．聯經．2019年8月（民108年）．208面．14.8×21公分（圖解）
ISBN 978-957-08-5355-1（平裝）
[2024年6月初版第二刷]

1.人工智慧　2.漫畫

312.83　　108011341